建筑外立面设计技术管理指南

刘为鑫　李德生　主　编
于　辉　周海滨　副主编

U0376308

中国建筑工业出版社

图书在版编目（CIP）数据

建筑外立面设计技术管理指南 / 刘为鑫，李德生主编；于辉，周海滨副主编. —北京：中国建筑工业出版社，2023.3

ISBN 978-7-112-28382-8

Ⅰ. ①建… Ⅱ. ①刘… ②李… ③于… ④周… Ⅲ. ①建筑设计–技术管理–指南 Ⅳ. ①TU2–62

中国国家版本馆CIP数据核字（2023）第032596号

本书从建筑外立面方案设计、深化设计、观感把控、技术管控等维度，按幕墙、门窗、部品等分项详细阐述其对应的管理要点，并对项目实施过程中容易产生的问题和需要按工况充分沟通的事项进行全面解析。本书主要内容共5章，包括：建筑外立面方案设计阶段专篇、建筑外立面二次深化设计专篇、建筑外立面设计技术要点、建筑外立面成本管控技术要点、建筑外立面样板先行管控模式。本书旨在通过系统性地解析建设项目外立面设计的技术管理工作内容，为方案设计师、建筑设计师、结构设计师、幕墙门窗专项设计师等相关从业人员提供完整的管控思路和技术支持。

责任编辑：王华月　万　李
责任校对：王　烨

建筑外立面设计技术管理指南

刘为鑫　李德生　主　编

于　辉　周海滨　副主编

*

中国建筑工业出版社出版、发行（北京海淀三里河路9号）
各地新华书店、建筑书店经销
北京鸿文瀚海文化传媒有限公司制版
临西县阅读时光印刷有限公司印刷

*

开本：787毫米×1092毫米　1/16　印张：14　字数：259千字
2023年3月第一版　　2023年3月第一次印刷
定价：**118.00**元
ISBN 978-7-112-28382-8
（40751）

作者简介

刘为鑫，一级建造师，从事建筑幕墙专业17余年，拥有丰富的外立面专项设计与施工一体化的技术管理经验。先后担任武汉BFC外滩中心项目470m双子塔及配套超高层公寓、高端住宅、商业街区项目的幕墙总监，融创华中集团幕墙专业内部专家，武汉中心438m超高层项目及武汉中央商务区配套住宅、商业项目的幕墙专业负责人，迪拜地铁站项目幕墙总工助理等职位，主编房地产企业技术标准若干册，并获得国家外观设计专利一项、实用新型专利二项。

李德生，高级工程师，现代幕墙系统技术（苏州）有限公司总经理。二十多年国内外项目从业经验，长期从事幕墙门窗系统研发、结构防水研究、节能研究。曾主持数十项大型工程的技术研发与工程管理工作，如黄山小罐茶运营总部（幕墙顾问行业"引领创新奖"）、苏州中信银行金融港中心（Pro+ Award普罗奖）、苏州教育发展大厦项目（鲁班奖）等；参编六项行业技术标准，发表《幕墙防水理论与常见幕墙防水缺陷分析》等十多篇学术论文，研发《一种单元式幕墙结构》等二十多项国家技术专利。

于辉，阿法建筑设计咨询（上海）有限公司执行董事，从业20余年，在幕墙、结构、参数化设计等方面拥有深厚的经验，并在国内外有着丰富的项目经历，尤其在亚洲和欧洲范围内参与并主导了一系列知名项目，如法国斯特拉斯堡高铁站扩建项目、巴西新水源体育场、北京新保利大厦、浦东美术馆、上海星港国际中心等。致力于幕墙和结构项目的精细化和创新型解决方案，多次受到国内外幕墙专业奖、结构专业奖、科技进步奖项的肯定。

周海滨，珠海市晶艺玻璃工程有限公司总经理，带领团队前后承建了多项地标性建筑，如国家大剧院、上海汽车博物馆、珠海歌剧院、武汉琴台文化中心等，荣获国家级优质工程奖十余项，省优、市优工程奖二十余项。牵头组建的"广东省空间特异体型建筑幕墙体系工程技术研究中心"顺利认定通过，参编七项技术规范和设计标准，参与研发专利共九项。

编写委员会名单

主　编：刘为鑫　李德生

副主编：于　辉　周海滨

编　委：卢　凯　曹恩钦　廖绍庆
　　　　　吴　亮　李泰和　徐　明

序

　　随着我国现代化建筑的发展，作为现代建筑身份体现最为显著的代表之一，建筑外立面设计的效果，在展示建筑的地位和价值方面起到至为关键的作用。一座具有独特、典雅、绚丽、精雕细琢外立面的建筑，不论其体量大小，处于何方，属于何年代和何种类型，都能引起业界的共鸣和吸引社会大众的关注，成为当之无愧的标志性建筑。

　　成功的建筑外立面，起源于建筑师超然的设计意念和构思，归结于建设单位的认可和严格的管理，筑就于施工过程各个专业的密切协调和严格监控。在建筑外立面的全过程建设中，代表建设单位的外墙管理机构，始终跟踪和管理着外立面的方案设计、材料选择、样板评审、设计变更、施工组织、竣工验收等各个环节的安全、质量、成本和进度，其中外立面的设计管理贯穿了外立面建设的全过程，对外立面的最终效果和建筑的成败起到决定性的作用。

　　本书作者刘为鑫常年工作在建设单位外墙管理部门，积累了丰富的建筑外立面设计管理经验，加上李德生、于辉、周海滨等业界同仁的鼎力支持，总结了丰硕的技术管理成果。本书系统性地总结和解析了建筑外立面设计的技术管理工作内容，为与建筑外立面设计和管理相关的建设单位管理人员、建筑师、结构工程师、门窗幕墙顾问和设计施工人员在创建名优标志性建筑的过程中提供完整的技术支持和管控思路，非常值得借鉴和学习。

　　面向未来，为实现国家"3060"的"双碳"目标，推动绿色建筑的发展，建筑外立面设计管理任重道远。绿色生态、低碳节能、数字化与智能建造等方面将会在建筑外立面设计管理有更多的创新和发展。

深圳市建筑门窗幕墙学会　会长

深圳市新山幕墙技术咨询有限公司　总裁

前 言

　　随着房地产行业的迅速发展，建筑外立面在房地产开发项目中的重要性日益显著，其代表了楼盘的品质定位，也代表了客户的价值需求，更代表了社区、城市甚至国家的优良形象。

　　相信每位读者会有这样的感受，在地段、户型、面积、配套资源和房屋总价都接近的情况下，购房时会优先选择外立面好看的住宅；相近地段里外立面高大上、标志性强的写字楼，更能吸引优质企业的入驻；同样在外立面昭示性强、极具特色的商业街区项目里，更能吸引游客来此打卡购物。正所谓"颜值即正义"，一个有质感、有美感、外观脱颖而出，同时品质稳定、造价合理的外立面产品，可以大幅度提升人们对项目的第一印象和第一感受，也是房企、业主、租户等群体使用项目时最大的"面子"。

　　其实，建筑外立面设计与时代背景、社会资源、人文环境有着密切关系。回望20世纪八九十年代砖混结构的职工宿舍，其墙面做法是土黄色的涂料加上单片彩玻的推拉窗的立面组合，经过多少年的风吹雨淋、日光暴晒，涂料斑驳脱落，窗户破裂松垮，致使"老破小"的名头与新时代的价值认同以及现代化的建筑需求产生较大落差。千禧年后，外立面档次较高的楼盘开始采用干挂石材加真石漆的方式提升墙面品质，并在门窗上配置铝合金型材和中空玻璃，同时开始在屋檐、腰线、入口大堂制作造型线条，客户对此的认可度非常高，城市形象也逐步提升，各种风格化的住宅和各类建筑如同春笋一样在城市开发中蓬勃发展。

　　在近二十多年里，客户消费越来越理性，需求越来越强，因此地产开发项目在外立面设计时，如何助力品牌推广、项目溢价、快速落地、粘结客户、引导圈层是各家地产公司提升产品力的重要课题。于是，更具现代感、艺术感的公建化外立面应运而生，其采用了公共建筑常见的幕墙体系、窗墙体系，其大面积玻璃、铝合金型材及铝板的组合，使得外立面的观感效果和系统性能有着大幅度的提高，既迎合广大客户对居住需求的升级，又极大提升城市品位，还能响应国家节能减排及资源可持续利用的政策方针，在客群广度、社会深度、时代跨度上都有着积极而深远的作用。

在整个建筑行业中，建筑方案设计大师、建筑设计院、立面专项深化顾问公司、幕墙门窗专项施工单位都在各自的维度为建筑外立面的实施工作添砖加瓦。与此同时，甲方的技术管理者，特别是外立面专项的一线管控者，为保证效果还原度，提升项目售价，创造溢价空间、展现项目社会价值，需要做好一系列的工作，他们既要懂得建筑大师对外立面的构思意图，又要懂得专业供应商实现外立面的技术要点，并充分挖掘和理解多方诉求，妥善协同、调动资源，达成良好展现外立面的最终目标。

正因为公建化外立面设计的特性，为达到房地产开发项目中树立品牌和追求利润的双赢，外立面专项技术管理就需要从方案规划、空间体型、展示形态、材料配置、系统选型、技术实施等关键环节寻找到核心的战略突破点，从项目管理上就需要关注立面效果呈现（业态定位、IP设定）、技术需求确定（立面手册、功能配置）、成本采购把控（分级分档、限额适配）、样板先行策略（图纸变现、材料封样）、招标与实施（施工管理、细节落地）等重要管控节点。

鉴于上述情况，本书从建筑外立面方案设计、深化设计、观感把控、技术管控等维度，按幕墙、门窗、部品等分项详细阐述其对应的管理要点，并对项目实施过程中容易产生的问题和需要按工况充分沟通的事项进行全面解析。本书旨在通过系统性地解析建设项目外立面设计的技术管理工作内容，为方案设计师、建筑设计师、结构设计师、幕墙门窗专项设计师等相关从业人员提供完整的管控思路和技术支持。

本书由刘为鑫、李德生主编，于辉、周海滨等参加了部分章节的编写与配图工作。本书编写过程中得到了上海复创建筑规划设计有限公司包文锋、融创华中集团罗黎勇、武汉中央商务区股份有限公司蔡涛等的大力支持，对此深表感谢。

本书如有错漏之处，欢迎广大读者批评指正。

目 录

第**1**章 建筑外立面方案设计阶段专篇

1.1 建筑外立面设计的宏观感受

随着时代的发展与消费的升级，人们越来越注重与建筑互动的体验感，力求达到全身心的满足，当人们处于外立面与景观园林、室内精装高度融合的场景下，远景看"空间样貌"和"环境布局"，中景看"形象气质"和"身材比例"，近景看"五官细节"和"衣品材质"，每一处都是人与美的对话，只要将人的感受放在第一位，理解美、追求美、创造美，让美融入立面的每一点细节，项目的价值和产品的竞争力才得以充分展现。

看到美是因为有光，关于外立面的故事都是从光开始。在满足规划条件的前提下，各栋建筑物以丰富的空间层次布置在建筑红线内，回应城市界面，又围合社区场所，商办属性的城市地标如超高层塔楼、办公楼、公寓楼，住宅属性的低密别墅区、高层住宅，与之配套的商业综合体、学校、医院等建筑群交

图 1.1-1 小区主入口

相辉映，地块日照随着时间的变化衍射出不同角度的建筑投影，光追踪着时间，切换着空间，同时给人们带来感官与情绪的变换。

当人们走进社区的那一刻起，小区入口和入户连廊或端庄肃穆、或温馨细腻，它以适当的阻挡与开放结合，形成人们驻足徘徊的空间，继而以承载光源的线性纹理映入了归家动线，演绎出动态的仪式感（图1.1-1、图1.1-2）。抬头望去，大面玻璃被注入阳光，或绚彩夺目，或映出蓝天，明快生动又不失绅士之风，阳台则在雕琢光影，令整个空间温和淡然、轻松惬意。屋顶格栅、立面百叶、层间造型、山墙铝板这些立面上不同形态的材料和颜色的变化，使立面的光影关系、光影层次愈加丰富。包含着设计理念、人文元素、建筑语汇的外立面颇具冲击力，足以使人们沉浸在建筑大师对它所寄予的氛围之中（图1.1-3）。

图1.1-2 小区入户连廊

来到大堂门厅附近，立面材料承载着踏实质感，沐浴日光且栖于自然，架空层也以清晰简洁的空间逻辑展现出结构美学和空间张力，精装提炼建筑元素布局六面序列，让光影流溢，园林水景追寻光的变换与流动，探寻光影与自然的互动。于是建筑的立面、精装、景观，两两交汇，光与影，风与水，虚实相映，激发光影的衍生，让人近距离感受一番颇具艺术性的视觉盛宴（图1.1-4、图1.1-5 ）。

图 1.1-3　小区住宅建筑群

图 1.1-4　楼栋单元门及架空层景观

图 1.1-5　楼栋单元门前水景

温馨的空间是可以打动人的，幕墙门窗强调了光影在室内的深邃，又避免内外的视线干扰。逐光而入，在阳台和卧室尽情享受南向大面采光，慵懒而温暖，厨房客厅则选择了更为柔和的侧向采光，静怡而雅致（图1.1-6 ~ 图1.1-8）。

凭栏远眺，寻光觅影，见大江大海，见燕嬉花开，见万物兴盛，见人间繁华。高楼大厦，琼楼玉宇，映衬着光的渗透，整个城市在苍穹之下珍藏光影，雕琢光影，光和建筑的景色展现着由浅入深的层次，引发了由近及远的无限遐想（图1.1-9、图1.1-10）。

其实，项目的外立面设计就是在这样感性和理性的思想碰撞下完成，应用天马行空的创意想象，科学严谨的逻辑推导，从城市人文到业态定位，从客户需求到IP故事线，从方案规划到空间形式，从居家独处到社交互动……如此，建筑外立面这幅美丽的画卷，结合着情感与理智的结晶被徐徐展开，最终成就了人们尽情享受生活的美好愿景。

图 1.1-6　公建化外立面住宅项目阳台及卧室室外实景

图 1.1-7　公建化外立面住宅项目卧室处室内实景

图1.1-8 公建化外立面住宅项目客厅及阳台室内实景

图1.1-9 观景阳台远眺实景

图 1.1-10　城市建筑群夜景

1.2　建筑外立面体型设计的逻辑关系
——直、曲、增、减、变、合

正所谓量体裁衣，建筑外立面正是附着在建筑结构体上的一层表皮，此层表皮的形状和形式都取决于建筑体型的设计。接下来我们继续从中观的体型维度来探讨。

一般来讲，建筑体型设计是根据建筑物体量和功能类型，以及场地空间和组合需求，按照建筑美学原则，充分考虑材质特征和技术条件，设计出观感鲜明的体态形状和比例尺度。

而立面设计主要是对建筑体型的各个方面信息深入刻画和处理，使整个建筑形象趋于完善。随着设计不断深入，在平面、剖面的研讨中，对建筑外部形象从总体到细部反复进行推敲，使之达到形式与内容的统一。

建筑体型和立面设计是整个建筑设计的重要组成部分，物质世界的建筑类型和外观层出不穷，但是万变不离其宗，基本上是应用简单的几何形状如

"直"线、"曲"线勾勒轮廓，采用或"增"或"减"的处理手法丰富形态，进而灵活使用相"变"与相"合"，完成出美轮美奂的建筑外立面。下面我们按"直""曲""增""减""变""合"来逐一阐述。

一、直

1. 横平、竖直

横平竖直，来源于人类对自然界"地宽天高"的基本认识，加之两点之间直线段最短的客观事实，因此水平方向的横向线、垂直方向的竖向线，成为建筑设计最基本的构图要素。在建筑立面方向上，横线多表达正负零地坪线、标准层高线，屋顶标高线，横向分格线等；竖线多表达定位轴线、山墙轮廓线、竖向分格线等。即便是采用最简单明快的横平竖直，就能组合成方正体型，完成一项简约而不简单的建筑外立面设计，给人稳定、坚实、整齐、中规中矩的感觉（图1.2-1）。

图1.2-1 以横平竖直为主的建筑外立面

　　2. 错缝、间隔

　　将连续的竖向线或者横向线打断，取出若干段进行平移换位，就可以形成错缝或间隔的效果。这是横平竖直的一种进阶形态，具备强烈的韵律感，有据可循又略显调皮，波澜不惊又微波涌动（图 1.2-2）。

图 1.2-2　以竖向错缝为主的建筑外立面

　　3. 斜线、斜面

　　相对横平竖直，斜线在平面上是相对水平和竖向方向产生一点角度的直线，阳光斜射、明月斜挂、斜风细雨等自然景象，都为建筑设计提供要素，如斜面、斜角、斜坡、斜纹。斜，在平面内即为不正，在平面外时分两种，向前斜是为倾，向后斜是为倒，给人动感、失衡、活泼、刺激的感受（图 1.2-3 ～图 1.2-5）。

　　4. 折线、锯齿

　　将斜线沿着不同方向或按不同角度组合起来，就能形成折线或者锯齿形，相对错缝或间隔的韵律感，折线和锯齿的节奏感更强烈，像翻开的书，像打开的手风琴，像层峦叠嶂的山群，给人尖锐、刚毅、有力量的感觉（图 1.2-6、图 1.2-7）。

图1.2-3　以前倾斜面主的建筑外立面　　图1.2-4　以后仰斜面主的建筑外立面

图1.2-5　各种斜面相结合的建筑外立面

图1.2-6　沿水平方向折线的建筑外立面

图 1.2-7　沿垂直方向折线的建筑外立面

二、曲

1. 弧线、曲线

弧线相对简单划一的直线，更具备放松、自然、顺柔、流动的感觉。潺潺流水、风摆春柳、婀娜身段都是这般感受。因而在原本硬朗的建筑立面上，采用圆弧线条、连续波浪线或是双曲线、抛物线，都为建筑形体赋予不一样的生命力。具有弧度的曲线，仿佛微笑一般，让人瞬间拥有好心情（图 1.2-8 ～ 图 1.2-10）。

2. 旋转、扭曲

在三维空间中，物体受到离轴心线一定距离的侧向力时，会发生旋转和扭曲，相对正统呆板的直边六面体，这种体态让人产生新奇、惊艳、优雅、灵性的感觉，又或者扭转乾坤，又或者脱颖而出（图 1.2-11）。

例如重庆高科太阳座，以独特的双曲面模拟极光弧幕状优美的姿态，采用"三维组框"加"平板玻璃冷弯设计"的玻璃单元达成了扭度极大的双曲面，

图 1.2-8　具有横向弧线装饰的建筑外立面

图 1.2-9　大面采用曲线的建筑外立面

图 1.2-10　具有曲线美的建筑外立面

图 1.2-11　具有外形旋转与扭曲的建筑裙楼

项目体量中最大单层扭拧角度达8.8°/层，独创的幕墙系统能适应单元板块多角度、多尺寸变化的要求，并保证幕墙性能（图1.2-12）。

图1.2-12 具有双曲面变换的重庆高科太阳座外立面

3. 球面、曲面

不拘泥于在二维平面使用弧线，在三维空间中使弧线绕轴线旋转可形成球面，使曲线绕轴线旋转可生成曲面，实际生活中的球类、蛋类就诠释了这种形态，球面和曲面给人连续、光滑、圆顺的感觉（图1.2-13 ～图1.2-16）。

图1.2-13 具有圆球造型、月牙造型的建筑外立面

图1.2-14　具有椭球造型的建筑外立面

图1.2-15　具有异形圈造型的建筑外立面

图 1.2-16　具有梭形曲面造型的建筑外立面

三、增

1. 边框、轮廓

增，有"增强"的意思，边框和轮廓就是沿着上述直线和曲线的路径进行强调，细线加粗、挤压断面造型等。例如建筑物外轮廓线条加粗，立面体块分区打造网格，整体打造编织效果，竖向设置遮阳装饰翼，横向拉通层间线条造型等，各种处理手法让立面有棱有角，突出重点，以线塑型，效果分明（图1.2-17、图1.2-18）。

图 1.2-17　具有圆弧倒角边框的建筑外立面

图 1.2-18　具有特殊造型遮阳装饰翼的建筑外立面

2. 构架、叠层

增，也有"增加"的意思，在体型初设以后，高层建筑物屋顶需要考虑天际线造型效果，商业裙楼需要增加屋顶架构，中段墙身需要考虑增加百叶遮阳、格栅通风等，底部出入口需要增加挑檐、雨篷等构造物。也有为追求进一步效果的情况，会增加装饰面或假墙形成两层皮模式，例如风动幕墙、砖帘假墙等。构架或叠层的处理方式不一而足，首要是为满足功能需求，进而提升观感效果，为建筑物的特色加分（图 1.2-19、图 1.2-20）。

图 1.2-19　具有多层窗花式遮阳的建筑外立面

图 1.2-20   具有风铃幕墙表皮的建筑外立面

四、减

1. 开口（孔）、切角

减，有"减弱"的意思，建筑体型过于实体会产生压迫感，适当开口、开孔或者切角，做些较为细部的减弱，可以给建筑带来虚实结合的效果。例如立面开设门窗洞口、方形体态做切角处理。其实此手法名义是减，实际上也是增，增加必要的功能，增加不一样的观感（图 1.2-21、图 1.2-22）。

图 1.2-21   具有切角、开口的建筑外立面

图 1.2-22　具有切角的建筑外立面

2. 挖洞（槽）、分段

　　减，有"减少"的意思，继续将开口放大就是挖洞、开槽，或是分段、架空，对建筑外立面的影响更大，例如底层挖洞形成通道，筒中挖槽形成内天井，建筑功能转换分段形成设备层，设立开放空间形成架空层、观景平台等。通道、采光、通风、观景等功能需求，在减少形体的过程中巧妙达成。以无变有，以少换多，以退为进，以虚代实，这便是减的精华所在（图 1.2-23 ~图 1.2-25 ）。

图 1.2-23　具有分段、挖洞的建筑外立面

图1.2-24 具有内部开洞的建筑
外立面

图1.2-25 具有设备层分段的建筑
外立面

五、变

1. 散布、错动

物质世界大多数事物都有据可循，但是不规则的事物也客观存在，并会引起好奇心、探究心。正是利用这种心态，在立面范围内会采用各式花纹、肌理、洞口等设计元素的随机散布方式或者错动方式进行表达，自然、随性、解压的感觉油然而生（图1.2-26）。

2. 凸凹、变异

在空间体量上，建筑体型的不规则会以凸凹、变异的方式表达，参差不齐、错落有致、千变万化、无律可循成为外立面的重要看点。弹性、夸张、冲击、眩晕等各种感觉应有尽有，燕瘦环肥，玄异多秘，仁者见仁，智者见智（图1.2-27、图1.2-28）。

图 1.2-26　具有错动分格的建筑外立面

图 1.2-27　具有凸凹效果的建筑外立面

图 1.2-28　具有变异效果的建筑外立面

六、合

1. 对称、均衡

建筑单体在立面设计或者平面设计中，应用最多的就是对称美学，对称手法包括镜像对称、旋转对称、平移对称，与此同时还有阵列、排序等均衡方式进行有组织的变化和有规律的重复。在处理建筑群体设计时也可以恪守中轴，阴阳协调，均衡有序，和而归一，不失端庄雅致、和谐踏实（图 1.2-29、图 1.2-30）。

2. 对比、微差

大多数建筑形体会采用左右对称，前后可能不对称的手法，或者看似对称的部位存在微差。对比和微差的手法更能突出主体和特色，对比可以借助相互之间的烘托、主从分明的陪衬而突出各自的形象。微差则是在对比中进一步裂变，微观细腻、层次丰富，求同存异，更具表现力（图 1.2-31）。

3. 连接、穿插

建筑立面实际包括六个面，正立面、背立面、左右侧立面、顶面和底面，不能孤立处理每个面，需要考虑几个面的相互协同和相邻面的衔接关系，面与

图 1.2-29　具有平移对称效果的建筑外立面

图 1.2-30　具有阵列效果的建筑外立面

图1.2-31　具有对比、微差效果的建筑外立面

面的结合也关系到体与体的融合。形式随从功能，不论是简明的叠合连接、廊桥连接，还是复杂的穿插咬合连接，渗透相容连接，都与合理的需求功能、构图秩序，比例尺度、建筑模数、材料肌理、韵律节奏等要素密不可分。

例如浙江某大厦，主楼、副楼和空中活动中心三个体量以"h"形体穿插搭接，分合功能灵活，构成关系自然。同时三个体量做了不同的切面处理，并让立面的机理顺应这种形体削切关系，与垂直面构成12°倾角，以此构建独特的幕墙体系，切片状幕墙叠合产生的丰富层次，也使得观景面最大化（图1.2-32）。

图1.2-32　具有连接、穿插效果的建筑外立面

以上"直""曲""增""减""变""合"的阐述方式，更多是从建筑表皮设计的认知去理解主流的建筑体型设计方式，而体型设计仍有更多别具一格的手法去表达、去呈现，也会应用不同的展现形式和多样的立面系统去实现建筑师的无限创意。

1.3　建筑外立面各类展现形式的系统配置

前文分析完宏观维度的建筑方案和中观维度的立面体型等内容，再按中微观维度的局部大样来阐述立面各类展现形式的系统配置。立面设计其实是一门很有逻辑的科目，所以可以透过现象看本质，外立面不论出现何种展现形式，按照各个系统配置的功能作用都可以分为"透、挡、遮、封、品、引"六大类。

一、透

建筑内部空间为人们提供了遮风挡雨、享受生活的场所，而人们与外界的交流和互动是必不可少的，"透光"和"透气"成为人们对建筑立面功能设计的关键环节。

先谈透光。光从外立面的透明部位或者孔洞区域射入室内，为都市人居创造温暖舒适的阳光体验和开敞通透的观景视野。不断更新迭代的建筑玻璃产品让景观资源得以最大化利用，让其以独有的框景视角进入室内空间。玻璃的轻透特性，让其成为建筑材料中最能与周边环境相融合的材料之一。采用玻璃材质的常见立面系统包括：

1）玻璃幕墙，按形式分为明框玻璃幕墙、半隐框玻璃幕墙、全玻璃幕墙、点式玻璃幕墙等（图 1.3-1）；

2）门窗系统，按形式分为窗墙系统、洞口窗系统，按材料分为铝合金门窗（系统门窗、普通门窗）、塑钢门窗、铝木门窗等；

3）采光顶、采光天窗等（图 1.3-2、图 1.3-3）。

现代建筑中设计师们特别喜爱采用超大玻璃看面，就像是将一块"全面屏"布置在建筑表面上，例如：住宅类别中江景房的超大玻璃设计，实现了望江视野的极大优化，享受山水无界，让自然和生活浑然交织（图 1.3-4）；商业

图 1.3-1 售楼部会客区超高全玻幕墙

图 1.3-2 建筑裙楼上方设有采光顶

图 1.3-3 大型商场设有大型采光顶、采光天窗，观景平台设有玻璃幕墙

类别中苹果店的超大玻璃设计，全开放式的视觉冲击给人极佳的高级感和对品牌的信任感（图1.3–5）。

图 1.3–4　江景房客厅窗户采用超大玻璃获得望江视野

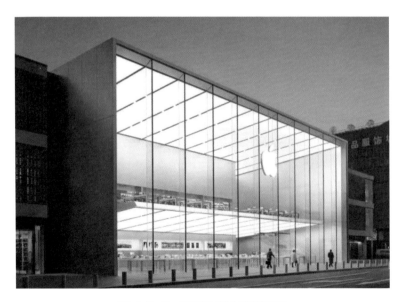

图 1.3–5　苹果店超大玻璃实景

再谈透气。透气是指气体形成通路，在建筑术语里就是通风。开窗通风，或到阳台上透气，或到空中花园放风，都是我们喜欢的透气状态，其实在超高层建筑中也会采用通风器实现透气效果。立面常用的通风系统包括：

1）窗系统，按形式分为平开窗、上悬窗、内开窗、平推窗、推拉窗、内倒窗、组合形式的内开内倒窗等；

2）门系统，按形式分为平开门、推拉门、折叠门等；

3）成品通风器，分为自然通风器、动力通风器等。当然与通风、透气相关的还有百叶系统、格栅系统、穿孔板系统等（图1.3-6）。

另外，在阳台和平台这类透气的地方涉及栏杆系统，包括：

1）玻璃栏板系统，可透光。

2）铁艺栏杆系统，可透光、透气。

3）网状防护系统，可透光、透气。

图1.3-6　穿孔板表皮采光透气案例

二、挡

建筑立面上有透过部位，也会有实体部位，比如混凝土柱、混凝土梁、层间楼板、实墙构造等。这些部位除了用基本的涂料修饰外，还需在外立面上利用不透明材质进行遮挡（图1.3-7），常用的公建化立面系统包括：铝单板包柱包梁、层间铝单板、层间玻璃背衬相关板材，实体墙前的铝板系统（胶缝式、开缝式）、石材系统（胶缝式、开缝式）、陶砖系统以及其他实体材质的立面系统等，当然也有分户玻璃隔断、覆盖立面管道、洞口部位采用实体门扇、单元板块非透视区域做内开启扇等遮挡工况。

图 1.3-7　层间节点遮挡示意效果图

三、遮

立面上可透过的部位采用局部遮挡，兼顾一定量的透光或通风，又可以起到弱化观感直视、弱化阳光直射的作用，达到了消隐、虚实结合的效果。常见的遮挡类立面配置有：

1）彩釉玻璃的彩釉面；

2）特制玻璃：磨砂玻璃、U 形玻璃等；

3）玻璃前方的百叶、格栅（图 1.3-8、图 1.3-9）；

4）玻璃前方的装饰造型或面材，最常用的是穿孔板材（图 1.3-10）；

5）中空玻璃中空层内设置可调百叶；

6）室内配合设置的遮阳帘；

7）空调机位前方的百叶、格栅、栏杆；

8）设备管线下吊顶部位的格栅；

9）屋顶设备上方的格栅等。当然起到弱化透视或遮阳的方式还有，如选择不同 PVB 胶片颜色的夹胶玻璃避免透视，Low-E 镀膜玻璃在性能上具备遮阳效果等。

图1.3-8　采用竖向格栅遮挡实景图

图1.3-9　采用横向百叶遮挡实景图　　图1.3-10　采用穿孔铝板遮挡实景图

四、封

建筑外立面除了四个大面设计以外，为保证外表面的连续性和完整性，仍需设计封闭、封修、封堵等内容。常见的立面封修系统有：

1）转角部位封修；

2）吊顶部位封修；

3）踢脚部位封修（图1.3-11）；

4）屋顶或女儿墙部位封修；

5）专业交接部位的收口；

6）功能节点封修，如防火、防雷、保温、隔声等。

图1.3-11　层间吊顶及踢脚封修节点示意图

五、品

经过透、挡、遮、封的手法处理后，外立面中观感效果大体可以完成。但是外立面的价值感需要精彩的造型和细腻的线条来呈现，因此微观尺度的观感资源需要进一步有效投放，供受众群体细细品味。常见的立面造型系统有：

1）适用不同建筑风格的系统和肌理（图1.3-12）；

2）横向、竖向铝合金型材装饰线条；

3）檐口部位、层间部位（含阳台）的铝板或其他面材的造型（图1.3-13）；

4）墙身线条和分缝；

5）细部线条造型，如栏杆扶手、门头线脚、柱头柱脚、墙面勒脚等。

图1.3-12　波浪形玻璃幕墙形成独特肌理

图1.3-13 圆角处理的线条造型

六、引

为彰显项目个性，突出项目特质，外立面需要营造丰富的视觉冲击，或极目远眺，或驻足观赏，使人印象深刻，有口皆碑。常见的立面吸引配置点有：

1）远观天际线效应的屋顶部位（图1.3-14）；

2）中观墙身的大样形式，以及边框轮廓、线条造型（图1.3-15）；

图1.3-14 屋顶天际线的线条造型

3）近人视微观的主次出入口、单元入户门厅、车道口等区域（图1.3–16、图1.3–17）；

4）用于大堂的玻璃肋、拉索、拉杆、自平衡结构等（图1.3–18）；

5）造型各异的雨篷或连廊系统。

图 1.3–15 墙身轮廓的线条造型

图 1.3–16 南向单元入户门头实景

图1.3-17　北向单元入户门头实景

图1.3-18　大面采用拉索玻璃幕墙

除了幕墙本身的亮点，还有与立面表皮结合的内容：

1）外立面与景观、精装结合的部品（图1.3-19、图1.3-20）；

2）昭示宣传的广告展示部位、张拉膜结构等（图1.3-21）；

3）美轮美奂的夜景泛光等。

图 1.3-19　外立面与景观结合

图 1.3-20　外立面与精装结合

图 1.3-21　商业项目广告位等部品与立面的结合

　　泛光与立面设计的逻辑相辅相成，建筑与照明的尺度分三个层级。城市尺度，照明形成城市夜景天际线，从远处发现建筑（图1.3-22）；街道尺度，照明强调建筑物的形体，联结建筑顶部和基部（图1.3-23）；行人尺度，照明发现建筑细节之美，引导人进入建筑内部（图1.3-24）。

图 1.3-22　建筑泛光城市尺度

图 1.3-23　建筑泛光街道尺度

图 1.3-24　建筑泛光行人尺度

实际上，建筑立面设计的吸引力与色彩应用的关系也很密切，例如幼儿园外立面会采用亮丽活泼的颜色体现其业态特性，再如公建化立面玻璃会采用蓝灰色系体现高端大气上档次等。与泛光灯具的亮度、色温等选择一样，色彩的选取更偏向于主观感受，这个就仰仗建筑大师和泛光大师们的精心设计了。

根据立面需求选型好系统配置后，接下来，我们继续选择外立面材料来适配项目设计。

1.4　建筑外立面材料运用的技术要点

在建筑体型组合、表皮展示方式和立面系统配置确认之后，再来匹配各类材料进行包覆和封装。每种立面材料都会受到生产技术条件的制约，也会限制建筑方案设计落地，本节将阐述各项主要材料的技术性能参数、加工要点和应用范围等内容。关于材料颜色、品质控制、构造专题等相关内容，将在后续章节进行介绍。

一、玻璃

玻璃的良好透光性、观感可控性、保温节能性、配置多样性等优势，使其成为现代建筑外立面使用频率最高的材料。从浮法玻璃原片，到玻璃钢化、镀膜、中空、夹层、彩釉、均质处理等加工技术要点都对建筑立面效果呈现起到关键作用（图1.4-1）。

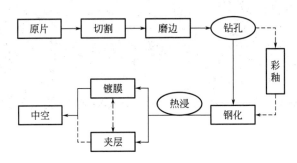

图1.4-1　玻璃加工流程示意图

1. 浮法玻璃原片——浮法玻璃、超白浮法玻璃

1）浮法玻璃的生产工艺是将玻璃原料高温熔融后，引入到充有保护气体的锡槽中，利用重力和表面张力的作用自然摊平、冷却成型，形成平滑表面的玻璃品种。浮法玻璃原片的常规厚度有：3mm、4mm、5mm、6mm、8mm、10mm、12mm、15mm、19mm等。

浮法玻璃的优点：透光性好、平整度佳、无水波纹、手感平滑、易于切割等；缺点：脆性材料、存在破裂不确定性、不够安全、节能性差、隔声性能一般、舒适性差等。

2）超白（浮法）玻璃：

超白（浮法）玻璃，也称高透低铁（浮法）玻璃。由于原料中的含铁量仅为普通玻璃的1/10甚至更低，超白（浮法）玻璃相对普通（浮法）对可见光中的绿色波段吸收较少，确保了玻璃颜色的高透性。同时，超白玻璃具备优质浮法玻璃所具有的一切可加工性能（图1.4-2）。

2. 钢化玻璃、半钢化玻璃

鉴于普通（浮法）玻璃的相关缺点，为提高玻璃的使用价值和材料性能，将普通（浮法）玻璃进行加热并急冷处理后得到钢化玻璃或半钢化玻璃，其表面具有强大均匀的压应力，承载强度是普通（浮法）玻璃的数倍，对玻璃进行钢化实际上是给玻璃赋予一定的强度及安全性（表1.4-1）。

　　其中，钢化玻璃属于安全玻璃，破碎后呈无锐角的小碎片，不易对人体造成伤害（非坠落或玻璃雨状态）。超白玻璃钢化后即为超白钢化玻璃，是当今主流幕墙门窗工程的应用材料。

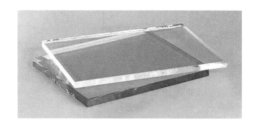

图1.4-2　超白玻璃与普通玻璃

　　半钢化玻璃的表面压应力比钢化玻璃稍低，非安全玻璃，因其一旦破碎，会形成大的碎片和放射状裂纹伤人，不能单独用于天窗和有可能发生易撞击的场合。

玻璃强度设计值 f_g（N/mm^2）　　　　　　表1.4-1

种类	厚度（mm）	大面	侧面
普通玻璃	5	28.0	19.5
浮法玻璃	5 ~ 12	28.0	19.5
	15 ~ 19	24.0	17.0
	≥20	20.0	14.0
钢化玻璃	5 ~ 12	84.0	58.8
	15 ~ 19	72.0	50.4
	≥20	59.0	41.3

注：

1. 夹层玻璃和中空玻璃的强度设计值可按所采用的玻璃类型确定。
2. 当钢化玻璃的强度标准值达不到浮法玻璃标准值的3倍时，表中数值应根据实测结果予以调整。
3. 半钢化玻璃强度设计值可取浮法玻璃强度设计值的2倍。当半钢化玻璃的强度标准值达不到浮法玻璃强度标准值的2倍时，其设计值应根据实测结果予以调整。
4. 侧面指玻璃切割后的断面，其宽度为玻璃厚度。

　　3. 中空玻璃

　　中空玻璃是两片或多片玻璃由内部充满高效分子筛吸附剂的铝框间隔出一定宽度的空间并将施以高强度密封胶密封，使玻璃之间形成有干燥气体的制品，从而构成一道隔热、隔声的屏障。中空气体层厚度不小于9mm，常见的厚度为12mm。中空玻璃内部通常密封空气，当密封氩气时，保温隔声性能更佳。

另外相对金属铝框构成的冷边条，暖边条指采用少量的金属或完全非金属材料构成，或是改变传统铝条的结构来实现窗户的节能效果。

4. 镀膜玻璃

镀膜玻璃是指在玻璃基片上通过涂镀一层或多层的金属、合金或金属化合物薄膜，以改变玻璃的光学性能的玻璃产品。工程用镀膜玻璃主要有热反射镀膜玻璃和 Low-E 镀膜玻璃。镀膜玻璃具有单向透像的特性，不仅能隔绝紫外光，还对红外辐射有很强反射能力，同时减少眩光，节能效果良好。

1）热反射镀膜玻璃是由无色透明的平板玻璃镀覆金属膜或金属氧化物膜而制成的，又称镀膜玻璃或阳光控制膜玻璃，可以单片或夹层使用，注意应使用在线化学气相沉积法低辐射镀膜玻璃。

2）Low-E 镀膜玻璃又称低辐射玻璃，是在玻璃表面镀上多层金属或其他化合物组成的膜系产品。Low-E 膜的主要功能层是银层，有单银、双银、三银 Low-E 玻璃之分。银层越多，玻璃性能越好。银层可将可见光中绝大部分远红外热辐射反射出去。从宏观上 Low-E 膜是纳米级一层极薄的膜，从微观上单银镀膜共有 5 层，双银镀膜共有 9 层，三银镀膜共有 13 层（图 1.4-3），除了功能银层外，还包括介质层、阻挡层材料，由复合材料构成，其主要作用是提高银层对玻璃表面的附着力，对功能材料起保护作用，提高透光率、调节玻璃颜色等。离线真空磁控溅射的 Low-E 镀膜玻璃因保护膜层的需要，通常制成中空玻璃进行使用。

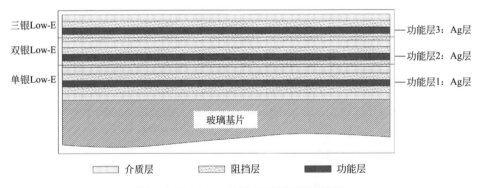

图 1.4-3　Low-E 玻璃银层设置示意图

双银 Low-E 玻璃比单银 Low-E 玻璃能够阻挡更多的太阳热辐射热能，即在透光率相同情况下，双银 Low-E 具有更低的传热系数 K 值和遮阳系数 SC 值，能更大限度地将太阳光过滤成冷光源，大大减少了室内外环境透过玻璃进行的热量交换，真正达到室内冬暖夏凉。由此可见，双银Low-E玻璃强调了玻璃对太阳热辐射的遮蔽效果，将玻璃的高透光性与太阳热辐射的低透过性巧妙地结合在一起，成功地解决了高透光与低K值、低SC值的双重优势并存的难题。在设定Low-E膜系参数时候，一般数值包括：可见光透过率、室外反射率、室内反射率、K值（中国标准）、遮阳系数SC值，再加上不同膜系的反射色（必要时采用Lab值准确定义）。

结合上述几条讲解，内、外片钢化中空Low-E玻璃的组合是目前外立面幕墙门窗玻璃最为主流配置，不仅是安全玻璃，还能满足节能保温、观感可控的要求，有高透需求的时候内、外片均可选用超白钢化玻璃。

5. 夹层玻璃

夹层玻璃是在两层或多层玻璃之间加上有弹性的有机材料粘结剂，经过高温高压加工而成的安全玻璃。常见的夹层有PVB和SGP两种。

PVB是以聚乙烯醇缩丁醛为主的中间层材料，其厚度为0.38mm的整数倍，对玻璃具有良好的粘结性，具有透明、耐热、耐寒、耐湿、机械强度高等特性。常用的夹层玻璃基本都采用PVB胶片来合片，一般在玻璃栏板、玻璃肋、雨篷、采光顶等部位会结合钢化玻璃进行应用，当然超高层项目中在外片玻璃采用两边半钢化玻璃夹层时也会使用到（图1.4-4）。

SGP是以离子聚合物为主的中间层材料，相对PVB有更强的玻璃粘结性能、更高的硬度和强度、较高的透光率，但是价格较高、加工和运输周期长，多用于超大板块玻璃及超长玻璃肋等工况。

图1.4-4 外片半钢化夹胶、内片超白钢化的中空Low-E玻璃配置

6. 彩釉玻璃

彩釉玻璃是一种将无机釉料印刷到玻璃表层，经烘干、钢化或热化加工处理后将釉料永久烧结于玻璃表层而得到一种抗酸碱、安全性高、可遮阳、观赏性强的玻璃产品。玻璃彩釉有着许多不同的色彩和花纹，可以根据客户的不同要求实现定制，所以彩釉玻璃有着良好的观赏性以及灵活性。建筑师在层间处的分格、花纹装饰需求或特定色彩装饰需求的分格、雨篷、吊顶处会使用彩釉玻璃（图1.4-5、图1.4-6）。

图1.4-5 多种颜色的彩釉玻璃组合

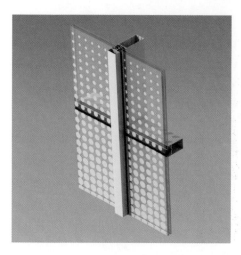

图1.4-6 花纹、斑点式的彩釉玻璃

7. 磨砂玻璃

用机械喷砂、手工研磨或氢氟酸溶蚀等方法将普通平板玻璃表面均匀磨成毛面。由于表面粗糙，使光线产生漫射，具有透光性而不能透视，并能使室内光线柔和而不刺目，并可做成各种图案，满足不同的效果要求。磨砂玻璃常规的会用在类似卫生间窗户玻璃有遮挡需求的部位，配合泛光灯具在有漫反射或透射需求的部位等。

8. U形玻璃

U形玻璃亦称槽形玻璃，是用电脑控制的玻璃熔炉烧制成形的一种压铸玻璃，由于其截面呈U形，提高了玻璃的受力特性和机械强度，无需额外的水平或垂直支承物，安装跨度大，能节省大量的型材。当双层安装时不仅能保证较好的保温隔热性和隔声性能，还能实现大面积连墙效果，高度和宽度较大时应核算墙身的稳定，并采取相应的固定措施（图1.4-7）。U形玻璃常用于售楼部第二层装饰面，或小型公建项目中标高位相对较低的区域。

图 1.4-7　双层 U 形玻璃断面图

9. 防火玻璃

防火玻璃具有良好的透光性能和防火性能，按耐火性能分类，防火玻璃可分为隔热型防火玻璃（A类）和非隔热型防火玻璃（C类），简称A类防火玻璃和C类防火玻璃。防火玻璃按耐火极限可分为五个等级：0.50h、1.00h、1.50h、2.00h、3.00h。

按结构分类，防火玻璃可分为复合防火玻璃和单片防火玻璃。复合防火玻璃的种类主要为有机灌浆防火玻璃、无机夹层复合防火玻璃、无机灌浆防火玻璃。其中，无机灌浆防火玻璃主要应用于有隔热要求、耐火时限要求较高的建筑防火隔墙、防火地板、采光顶、防火门、防火窗、逃生通道和逃生楼梯等。另外，单片防火玻璃中常用高硼硅防火玻璃，主要应用于耐火窗、建筑幕墙、挡烟垂壁、采光顶、防火地板等，尤其加水喷淋系统可替代A类隔热型防火玻璃系统，可广泛应用于建筑中庭、步行街防火玻璃及建筑防火隔断。

10. 关于玻璃的许用面积与加工能力一览

安全玻璃的最大许用面积表　　　　　表1.4-2

玻璃种类	公称厚度（mm）	最大许用面积（m²）
钢化玻璃	4	2.0
	5	2.0
	6	3.0
	8	4.0
	10	5.0
	12	6.0
	15，19	供需双方商定
夹层玻璃	6.38　6.76　7.52	3.0
	8.38　8.76　9.52	5.0
	10.38　10.76　11.52	7.0
	12.38　12.76　13.52	8.0

注：采用10mm厚度以上超白浮法玻璃优等品生产的钢化玻璃，其面积可适当增大，具体尺寸可由供需双方商定。

玻璃的加工技术分档表　　　　　表1.4-3

项目	技术分档
玻璃高度	小于3.6m
	3.6～4.0m
	后续为一米一档
玻璃宽度	小于2.4m
	2.4～3.0m
	3.0～3.3m
	3.3～3.6m
弯弧玻璃半径	半径大于3m
	半径1.8～3.0m
	1.8m以下需协商

玻璃的加工能力表　　　　　　　　　表 1.4-4

工序	加工能力（mm）		
	最大值	最小值	厚度值
数控中心	3300 × 12000	400 × 700	5 ~ 19
	3000 × 4600	400 × 400	5 ~ 19
切片	3300 × 12000	250 × 250	5 ~ 19
磨边	3300 × 12000	300 × 300	5 ~ 19
钻孔	2400 × 4500	250 × 250	5 ~ 19（孔径 6 ~ 56mm）
钢化（平钢）	3300 × 12000	600 × 600	5 ~ 19
钢化（弯钢）	3300（弧）× 6000	600（弧）× 500	厚度 6mm；半径 ≥ 1800mm；厚度 8 ~ 10mm；半径 ≥ 2500mm；厚度 12 ~ 19mm；半径 ≥ 3500mm
	3300（弧）× 6000（弧）	1000（弧）× 1200（弧）	6 ~ 12mm，双曲最大弓拱高 $H=300$（横向）、$H=600$（纵向）
热浸	3300 × 12000	300 × 500	5 ~ 19
镀膜	3300 × 12000	300 × 300	5 ~ 19
夹层	3300 × 12000	300 × 300	≤ 100
中空	700 × 5000（3300 × 12000）	180 × 350	≤ 50（最大单片中空玻璃重 4t）
彩釉	2500 × 5100	300 × 300	5 ~ 19
易洁	2400 × 12000	300 × 300	5 ~ 19

注：弯弧玻璃需先镀膜后钢化，另因镀膜面的限制，易导致弯弧玻璃颜色有差异，同时加上弯钢加工周期长，应尽量避免采用弯弧玻璃。

　　表 1.4-2 ~ 表 1.4-4 信息是参考的目前主流玻璃厂家的常用数据，可协助建筑师和立面顾问在方案设计和技术管理中先行回避无效设计或高额成本。随着工程玻璃行业技术发展，相关参数会发生变化。部分特种玻璃深加工厂家的极限尺寸可能会满足建筑大师的特定需求，超出参考尺寸的应用范畴，可详询厂家进行确认。

　11. 关于玻璃破裂与钢化玻璃自爆专题

　（1）玻璃破损是工程项目施工和运维过程中常见的现象，发生破损工况的原因和解决方案，简要罗列如下：

1）玻璃受到荷载作用的破裂。如超出材料强度、挠度极限状态（限值）时的破坏。该工况可通过按规范的严格计算保证，同时在施工时、运维时保障玻璃受力的边界条件。

2）玻璃受到冲击外力的破损。如玻璃正面的猛烈撞击、冲击，玻璃侧面的敲击、磕碰等。该工况可通过标识警示、防撞措施、保护措施等方式避免，当然采用安全玻璃是必要的，同时满足最大许用面积的要求。

3）玻璃热炸裂引起的破损。当平板玻璃、着色玻璃、镀膜玻璃和压花玻璃明框安装且位于向阳面时，应进行热应力计算，且玻璃边部承受的最大应力值不应超过玻璃端面强度设计值。由于半钢化玻璃和钢化玻璃抗热冲击能力强，一般情况下没有发生热炸裂的可能，因此不必进行热应力计算。

4）钢化玻璃自爆。玻璃中含有的硫化镍夹杂物，在玻璃钢化的动力学条件改变下会出现晶体相变，并伴有体积膨胀，如果硫化镍粒子位于钢化玻璃最大张应力部位，该粒子就会成为玻璃自爆的起爆点。普通钢化玻璃的自爆率约为3‰。

（2）降低钢化玻璃自爆率的方式一般有：

1）钢化玻璃均质处理，通俗地讲就是将钢化玻璃放在均质炉中恒温处理较长时间从而引爆硫化镍，促使钢化玻璃内部的硫化镍晶体发生晶相转变并趋于稳定状态，炉中没有自爆的玻璃即是经过均质处理的钢化玻璃。其自爆的可能性极低，自爆率低于1‰，但劣势是均质钢化会增加相应的人工及设备等费用，厚度越大费用越高，而且产能较小影响加工效率；对钢化玻璃是否经过均质处理尚无有效的技术检测鉴别手段。

2）超白钢化玻璃，正因超白浮法玻璃原片含有的杂质少，硫化镍的成分也相对普通浮法玻璃要少，直接降低了其钢化以后的自爆率，约为0.3‰。其优势是目视就可鉴别超白观感，货真价实可靠性有保障。

3）超白钢化玻璃均质处理，因超白原片的状态涉及矿源质量和生产水平，为保证"趋于零自爆"的玻璃性能，可结合上述两种处理方式达成，但需考虑实用性和性价比。

在幕墙门窗工程玻璃应用实践中，门窗玻璃因分格较小，且楼栋下方设有园林缓冲带，玻璃多采用中空钢化玻璃、中空超白玻璃；幕墙玻璃因分格较大，楼宇下方多为道路和出入口，玻璃多采用中空超白玻璃（或有均质处理）、中空钢化均质玻璃，以及外片半钢化夹胶、内片超白（或有均质处理）的中空玻璃，甚至内外片均为半钢化夹胶的中空玻璃。

二、金属板

在金属板中，铝板作为外立面最为常用的材料之一，可加工成平面、折线、弧形和球面等各种复杂几何形状，还可以做出穿孔效果，各种颜色和各类形式的表面处理，使得铝板的外观形状、色泽肌理多样化，并能与玻璃等其他立面材料完美地结合，同时铝板的质量轻、强度高、防腐耐候性能佳（抗氧化、抗酸雨、盐雾和各种空气污染物、耐冷热性能、耐紫外线照射等），维护成本低，环保可回收，性价比颇高，给予建筑大师、立面顾问广阔的应用空间，并备受业主的青睐。

1. 铝单板

幕墙外立面常用铝单板厚度一般为3.0mm或2.5mm，背衬铝单板一般为2.0mm厚。表面处理常采用氟碳喷涂和粉末喷涂处理，根据项目需求会采用阳极氧化、电镀铝处理，如有特别观感要求会使用仿木纹铝板、仿石材铝板等样式（图1.4-8）。铝单板材质多选用3系列、5系列等牌号的合金板。

铝单板作为面材需要抵抗风荷载作用，为抵抗面板的破坏和变形，需要在铝单板背后设置加强筋，加强筋与板背面采用栓钉连接，且加强筋之间、加强筋与铝板折边需要互相连接，成为一个牢固的整体，大大地增强铝单板的强度与刚性，从而保障长期使用的平整度及抗风抗振能力（图1.4-9）。

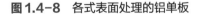

图1.4-8　各式表面处理的铝单板　　**图1.4-9　设置加强筋的仿木纹铝单板**

铝单板除了整面使用外，在板材上进行穿孔处理可以展现出多样化的观感效果，同时穿孔铝板还为建筑提供了透光、遮阳和通风的功能需求（图1.4-10、图1.4-11）。受加工成本、板块自重、板块平整性等因素的影响，穿孔铝板的板厚常选用2.0 ~ 6.0mm，厚度根据具体使用部位、穿孔类型进行结构计算确定，同时需注意孔间距、孔边距，避免板块变形而设置的加强筋及其隐蔽措施。

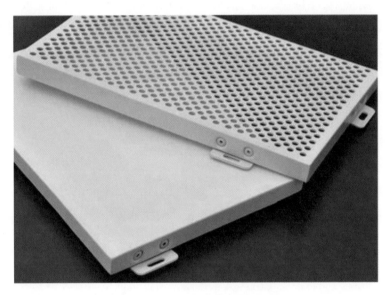

图1.4-10　铝单板与穿孔铝单板

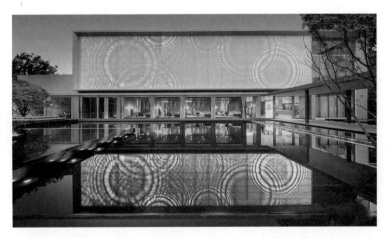

图1.4-11　穿孔铝板与泛光、水景的融合设计

铝单板便于加工，可车间内焊接、可折弯、可拼弧、压弧、滚弧、可做滴水槽、凹槽等造型。表1.4-5、表1.4-6参考并总结了目前主流铝板厂家的常用数据，鉴于材料和设备的条件限制以及行业技术的变化和发展，设计造型前需与铝板厂家进行确认。

铝单板的加工能力表　　　　　　表 1.4-5

工序	项	加工能力（mm）			备注
		最大值	最小值	厚度值	
成型面板	宽度	2000mm	900mm	≥2.5mm	此规格按常见尺寸考虑
	长度	6000mm			铝卷长度及车间加工长度限制
长城板	长度	3500mm			单面折弯刀数超过 15 刀
弧形铝板	辊弧最长跨度	L=5000mm			
	拱高≤5mm				直线拼弧
	R≤150mm 时				压弧处理。压弧板相对普通弧板费用会增加，根据压刀次数计算，超出 10 刀按异形铝板收费
	半径 1200≥R≥400mm 时				当折边高度≥15mm，需开锯齿带边滚弧，锯齿宽度 3mm，间距 30mm
	半径 R≥1200mm 时				20mm 折边可带边滚弧
折弯	4m 折弯机	最长能折弯4000mm	喉口深420mm		
	6m 折弯机	最长能折弯6000mm	喉口深560mm		
	无折边				无角码的铝板下单，需在加工图上备注清楚喷涂吊挂孔位置，否则车间随意打孔可能会影响板面效果
	2.0mm 厚铝板			8mm	折弯最小角度为 35°，当折弯角度小于最小角度时，应优先选择铣槽后折弯得到所需角度
	2.5mm 厚铝板			10mm	折弯最小角度为 38°，当折弯角度小于最小角度时，应优先选择铣槽后折弯得到所需角度，也可将折弯处断开焊接（常规不选择此方案）
	3.0mm 厚铝板			12mm	折弯最小角度为 40°，当折弯角度小于最小角度时，应优先选择铣槽后折弯得到所需角度，也可将折弯处断开焊接（常规不选择此方案）

续表

工序	项	加工能力（mm）			备注
		最大值	最小值	厚度值	
喷涂	喷涂设备	炉高2050mm，炉宽1100mm			铝板分割要注意是否能过炉，喷涂方向需要注明，例如木纹板主视图需标注木纹方向
冲孔		$\phi 70mm$	$\phi 3mm$		最小孔间距不得低于6mm，最小孔边距不得低于8mm。如果加强筋挡住孔板透光，先贴无纺布再加筋。如不能贴布又要在孔之间加筋时，孔边距需大于25mm
加筋肋	2.0mm厚铝板				建议不装加强筋，板厚太薄，种钉容易导致板面有钉印，影响外观效果，3003系铝板，2.0mm铝板则可以种钉
	2.5mm厚铝板				加强筋间距≤600mm布置，垂直短边布筋。板块较大时需考虑设置十字或井字加强筋
	3.0mm厚铝板				
	常用型号				$18 \times 18 \times 35 \times 1.2$
包边					折边交界处需焊接并打磨处理
缺口处理					阳角需切角处理，阴角需补焊
拉槽、焊接				≥2.5mm	
特殊工艺	凹槽		15mm×15mm×15mm	小于3.0mm	
			25mm×25mm×25mm	≥3.0mm	
	滴水槽		垂直尺寸不可低于15mm		

续表

工序	项	加工能力（mm）			备注
		最大值	最小值	厚度值	
角码安装					1.常规角码未标则按装后高25mm进行安装，沉头角码未标则按装后高23mm进行安装； 2.角码布置按上起70mm右起70mm左起150mm下起150mm布置，止步大于200mm需增加角码一个

铝单板的加工技术分档表　　　　　　　　表 1.4-6

项目	技术分档
折弯多刀异形板	七刀到十一刀（含折边）
	十一刀到十四刀（含折边）
	十五刀到十九刀（含折边）
	超二十刀
	普通圆弧板
	特殊弧形板
超宽板：板件展开后长度、宽度中尺寸超过1300mm的板为超宽板	展开宽度：1300 ~ 1500mm
	展开宽度：1500 ~ 1600mm
	展开宽度：1600 ~ 1700mm
	展开宽度：1700 ~ 1800mm
	依此类推
超长板：板件展开后长度尺寸超过4000mm的板为超长板	展开长度：4000 ~ 5000mm
	展开长度：5000 ~ 6000mm

2. 高端铝复合板

外立面设计时如果特别追求铝板系统的轻盈、高平整度、折边转角的棱直挺拔，可以采用高端铝复合板。相对传统芯材采用塑料的铝塑复合板，高端铝复合板是采用高矿防火填充芯料，正面为不小于0.5 mm厚预辊涂氟碳烤漆铝合金面板，背面为不小于0.5mm厚保护性烤漆铝合金面板，采用5系列铝材，正面背面铝合金板与芯层材料之间为高分子粘结膜。幕墙常用铝复合板厚度不小于4mm。因此在相同刚度需求工况下，铝复合板的重量比铝单板轻。采用氟碳连续预辊涂表面处理，涂漆表面密度高，灰尘不易附着，相对喷涂处理的表面自洁能力好。

另外，铝复合板折边是预先用数控机床刨槽，铝复合板开槽后仅剩下0.8mm（0.5mm铝皮及0.3mm芯层）厚度，折边后的棱挺效果极佳。金属板折边的棱挺度是评标观感效果的重要指标，在相同工况下，电镀铝板折边时氧化层会明显皱裂，铝单板折边倒角半径约为4mm并带有轻微皱裂，铝复合板折边倒角半径约为2.5mm而无明显皱裂。正因如此，铝复合板折边折角处的应力集中情况优于铝单板，加上铝复合板特有的三明治组成形式，降低回弹应力，减少形变，进一步保证了立面铝板系统的平整度（图1.4-12）。

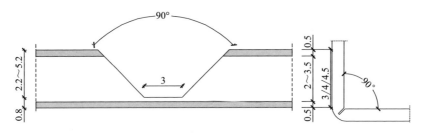

图1.4-12 铝复合板刨槽折边示意图（单位：mm）

3. 蜂窝铝板

外立面如需要更大板块（可达1.5m×4.5m）的铝板系统保持极佳的平整度，同时兼顾更好的隔声性能、隔热性能，可采用蜂窝铝板。类似复合板的做法，蜂窝铝板是由两层铝板与蜂窝芯材粘结复合而成的材料，面板一般采用3系或5系的1.0mm厚防锈铝板，蜂窝芯为边长不大于10mm的六边形铝箔结构。一般根据建筑幕墙使用功能和耐久年限的要求，选择10、12、15、20、25mm厚度的蜂窝铝板，常用的是20mm厚蜂窝铝板（图1.4-13）。

4. 不锈钢板

金属饰面板中除了铝板以外，不锈钢板也是常见的材料。不锈钢板，是因为加入铬、镍等特定元素而表现出良好耐腐蚀性的合金钢，根据铬、镍含量的不同分为304和316等材质牌号，其中金属元素铬使钢材表面形成一层不易溶解的氧化薄膜，而与外界隔离，能够长久保持金属光泽。在建筑领域，由于不锈钢突出的耐腐蚀性和光亮的外观，多用于饰面板、造型、收口包边等部位。不锈钢的表面处理，常有镜面（抛光）、拉丝、网纹、蚀刻、电解或涂层着色等，也可轧制、冲孔成各种凹凸花纹、穿孔板，加工成各种波形断面板，丰富的表皮机理变化与玻璃、石材等材料有良好的搭配性。

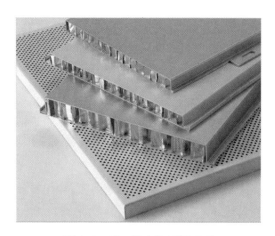

图 1.4-13　蜂窝铝板断面图

5. 铝镁锰合金板

在大型公建项目中，屋面系统材料常采用铝镁锰合金板，其中3000系列铝锰合金的延伸率、硬度、抗拉强度、屈服强度等指标均非常适于屋面卷边，可做成铝镁锰扇形板，铝镁锰弧形板等，配合各种涂漆系统和涂装工艺使建筑外观变得丰富多彩，加上铝合金本身的防腐蚀性，大大地满足了金属屋面对于美观和耐久性的设计需求。

根据项目需要，铜板、钛锌板等金属材料也会出现在外立面设计中，相关金属饰面板的具体技术要点、效果选择和观感把控都可以量身打造。

三、石材

石材在建筑应用上有着悠久的历史，现代建筑中常用的天然石材有花岗石、大理石、石灰石、砂岩等，立面多用花岗石构成石材幕墙，材质光亮晶莹、坚硬永久，给人高贵典雅的感觉。花岗石品种众多，表面处理方式各异，但是由于花岗石石材和石材幕墙本身具有一定的不足，同时政策趋严，供应量下滑导致石材幕墙大面积应用逐渐减少。石材替代品逐步展现，例如瓷板、仿石涂料、仿石铝板、软瓷柔石等。

四、瓷板

瓷板是将原料炼造后通过合理配方，经过压制和高温烧结而成，其结构致密，气孔率小，具有远高于石材的耐候性及耐久性，暴露于风雨及污染空气中，不会产生变质、褪色、吸污等问题，花纹设计稳定性强且自洁性良好。瓷板幕墙相比于石材幕墙，有着表面效果多样性且稳定可控、釉面硬度高、抗弯抗剪强度高、吸水率低、防撞耐磨、抗冻性好等诸多优点。另外，瓷板的超真石材表面效果，突破了名贵石材的价格高、采购复杂、维护困难等瓶颈，让设计师可以随意选择意向的石材效果，是一种革命性的装饰材料（表1.4-7、表1.4-8）。瓷板幕墙和石材幕墙的应用需符合《人造板材幕墙工程技术规范》JGJ 336-2016、《建筑幕墙用瓷板》JG/T 217-2007等规范的规定。

瓷板幕墙和石材幕墙的对比分析表　　　　表1.4-7

对比项目		石材幕墙	瓷板幕墙
生成条件	生成条件	通过低质运动自然、随机条件下生成	经过原料的精心拣造，正确配方，大吨位压制和高温烧结而成
花式效果	花纹图案	花纹图案随意性大，表面触感丰富，色差明显，不可定制	花式设计稳定性强，表面触感丰富，同批次板材无色差，花式丰富，定制力强
物理性能	厚度	25mm或以上	12～15mm
	重量	每平方米60～80kg之间	每平方米25～30kg之间
	密度	多孔非致密结构	结构致密，气孔率小
	吸水率	1%～7%	≤0.5%
	抗污性	弱	最低等级3
	抗冻性	弱	强
	耐磨（莫氏硬度）	3级	4～5级
	抗折强度	9～15MPa	27 MPa或以上
	强度说明	容易出现局部破坏应力集中点加速板材的损坏，≥30MPa	不存在最薄弱的环节，难出现破坏应力集中等现象，≥45MPa
	耐酸、耐碱性	花岗石耐酸是B级，但不耐碱；大理石耐碱是B级，但不耐酸	A级
	耐候性	弱	强
	耐候性、自洁性	时间长容易产生白花（主要指泛碱）、水斑、锈迹等天然性病变症状	暴露于风雨级污染空气中，不会产生变质、褪色、吸污等问题，自洁性更好
供货	供货周期	批量供货不稳定，售罄补货存在困难；需现场加工	批量生产，供货稳定，周期可控，工厂加工
安装	安装施工	厚，重量大，加工周期长，现场加工相对复杂（切割、打磨），安装强度高、效率低，整个施工周期长，施工成本高	生产周期短，厚度小，重量低，易于现场加工切割（水刀），降低安装劳动强度，提高安装效率，可有效缩短施工周期，降低施工成本

瓷板的加工能力表　　　**表 1.4-8**

工序	加工能力（mm）							
	最大尺寸	最小尺寸	厚度	尖角高度	深度	宽度	孔径	示意图
切割	900×1800	40×40	12～15					
倒底	900×1800	80×80	12～15	大于3				倒底示意图
倒面	900×1800	80×80	12～15	大于9				倒面示意图
表面拉槽	900×1800	50×50	12～15		1～2	2～20		表面拉槽示意图
钻孔	900×1800	40×300	12～15		7～9		敲击式：下孔13.5，上孔11；旋入式：下孔9，上孔7.2	敲击式背栓孔示意图　旋入式背栓孔示意图

五、陶板、陶砖

如果说玻璃铝板幕墙体现的是现代工业的发展水平，反映了人类改造世界的能力和自我价值的展示，那么陶板、陶砖将后工业时代的技术回馈到现代建筑，体现历史底蕴又不失时尚感。陶土幕墙产品按照构造可分为单层陶板、双层中空式陶板、陶棍以及陶土百叶、陶砖装饰墙；按照表面效果分为自然面、喷砂面、凹槽面、印花面、波纹面及釉面。陶砖的模具尺寸类型多，颜色选择性强，是建筑师乐于丰富外观效果的建筑面材（图1.4-14、图1.4-15）。

图 1.4-14 以陶砖为主的示范区外立面（一）

图 1.4-15 以陶砖为主的示范区外立面（二）

六、UHPC

UHPC，即超高性能混凝土。UH（Ultra-High）是指最高量级，P（Performance）是指性能、功效，C（Concrete）是指混凝土。UHPC通过提高组分的细度和活性，使材料内部的孔隙与微裂缝减少，具备高强度、高韧性、高稳定性和低渗透性，经过表面处理后具备良好的"自洁性"。根据其可塑性、韧性的特点，可以精确设置模具的表面和几何图案，任意制作成双曲面，多曲面、镂空等各种异形效果（图 1.4-16、图 1.4-17）。

图 1.4-16 以 UHPC 为主的建筑外立面

图 1.4-17 以 UHPC 为主的建筑外立面

七、铝合金型材

铝合金型材是作为幕墙门窗支承结构的主要用材，可直接选用各铝材厂家的典型幕墙系统图集，或者根据供需双方按开模图定制。建筑用铝合金型材的材料牌号和供应状态通常有 6063—T5、6063—T6 等，其中 T5 是通过风冷加效来提高硬度，T6 是水冷加时效，硬度要比 T5 要强。铝型材的表面处理和铝板类似，常见的有氟碳喷涂处理、粉末喷涂处理等（表 1.4-9），并关注铝型材表面处理的可加工长度（表 1.4-10）。

铝合金型材表面处理   表 1.4-9

表面处理方法	膜厚级别（涂层种类）	厚度 t（μm）		处理方式
		平均膜厚	局部膜厚	
阳极氧化	不低于 AA15	$t \geqslant 15$	$t \geqslant 12$	不可见位置
粉末喷涂	—	—	$120 \geqslant t \geqslant 40$	室内
氟碳喷涂	—	$t \geqslant 40$	$t \geqslant 34$	室外

铝合金型材表面处理与加工长度　　　　　　　**表 1.4-10**

表面处理类型	可长度（m）		吊挂孔，铁夹痕
光身型材	24		-
阳极氧化型材	6.8		扎线痕两端头各50mm以内
电泳漆涂漆型材	6.8		吊挂痕50mm以内
粉末喷涂型材	卧式设备：12		吊挂孔：离端头20mm以内
	立式设备：7		
氟碳喷涂型材	卧式设备：12		扎线或挂钩两端头各30mm以内
	立式设备：7		
隔热型材	视各表面处理而定		
木纹喷涂	7		
木纹转印	7		

　　建筑方案设计时需考虑铝合金型材的可挤压尺寸和壁厚，以及生产长度对构造和结构设计的限制影响，具体参数应用详见图1.4-18及表1.4-11。实际案例中如遇到型材可挤压尺寸不满足构造设计时，会采用钢铝结合的方式处理，钢材作为主要受力材料，铝材作为外表皮包覆，达到结构和外观的双重需求。

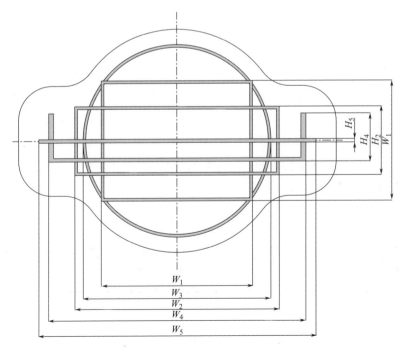

图 1.4-18　不同截面铝型材的可挤压尺寸和壁厚示意图

不同截面铝型材的可挤压尺寸和壁厚的关系表　　　表 1.4-11

正方管		扁方管			圆管		槽型			平板	
W_1	T	W_2	H_2	T	W_3	T	W_4	H_4	T	W_5	H_5
220	3.5mm	350	100	3.5mm	240	3.5mm	380	100	4mm	380	3.5mm
250	4mm	450	150	4mm	320	4.5mm	370	150	4.5mm	400	4mm
270	4mm	500	120	5mm	340	5mm	520	100	5mm	530	5mm

八、钢材

建筑幕墙门窗常用钢材的牌号通常包括屈服强度的字母（Q）、屈服强度数值（MPa）、质量等级符号及其他钢材特有编号。例如幕墙中最常用的碳素结构钢 Q235B、低合金高强度结构钢 Q345B 等。碳素钢结构钢和低合金高强度结构钢应进行表面热浸镀锌处理、环氧或无机富锌涂漆处理、氟碳喷涂处理等。例如，不可见面钢件采用热浸锌处理，根据不同钢件厚度采用不同镀层厚度（表 1.4-12）。

钢件热浸锌处理的镀层厚度最小值　　　表 1.4-12

制件及其厚度（mm）	镀层局部厚度（μm）	镀层平均厚度（μm）
钢厚度 ≥ 6	70	85
3 ≤ 钢厚度 < 6	55	70
1.5 ≤ 钢厚度 < 3	45	55

九、门窗五金配件

在建筑方案设计门窗分格时需充分考虑配套五金件的适应性，避免设计出现超常规或者无法实现的门窗尺寸。常用五金件与门型、窗型的尺寸规格和承重范围与有很大关系，可参见表 1.4-13 使用。如实际项目中有特别要求，可详询专业五金厂家。

常用门窗形式的五金件适用关系　　　表 1.4-13

门窗形式	最宽（mm）	最窄（mm）	最高（mm）	最矮（mm）	最重（kg）
平开窗	750	400	1500	500	50
上悬窗	1500	500	2000	400	150
双扇推拉窗	2000	1000	1500	500	65
平推窗	1200	750	3700	750	200
合页平开门	1100	650	2400	1900	120
双扇推拉门	2400	1200	2400	1900	150
单扇地弹门	2000	650	3000	1900	300

十、胶与胶条

建筑门窗幕墙常用胶包括硅酮耐候密封胶、硅酮结构密封胶、石材幕墙专用胶、防火阻燃密封胶，对应的使用部位和种类可参考表 1.4-14。由于硅酮结构密封胶是结构连接用材料，关乎建筑幕墙结构安全，应进行与面板、金属框架等接触材料的剥离粘结性试验以及拉伸粘结性试验、邵氏硬度试验，以保证结构粘结质量和安全性。

粘结及密封材料选用　　　表 1.4-14

幕墙形式	部位	用胶种类	密封胶种类	符合标准
玻璃幕墙 玻璃采光顶	中空玻璃一道密封	中空玻璃用丁基热熔密封胶	丁基热熔密封胶	《中空玻璃用丁基热熔密封胶》JC/T 914-2014
	中空玻璃二道密封（隐框幕墙、半隐框幕墙、全玻幕墙、点支承幕墙、明框幕墙）	中空玻璃用硅酮结构密封胶	硅酮	《中空玻璃用硅酮结构密封胶》GB 24266-2009
				《建筑门窗幕墙用中空玻璃弹性密封胶》JG/T 471-2015
	中空玻璃二道密封（明框幕墙）	中空玻璃用弹性密封胶	硅酮、聚硫	《中空玻璃用弹性密封胶》GB/T 29755-2013
				《建筑门窗幕墙用中空玻璃弹性密封胶》JG/T 471-2015
	玻璃与铝副框之间的结构粘结	建筑用硅酮结构密封胶	硅酮	《建筑幕墙用硅酮结构密封胶》JG/T 475-2015
	玻璃肋与面板之间的粘结（全玻幕墙）	建筑用硅酮结构密封胶	硅酮	《建筑用硅酮结构密封胶》GB 16776-2005

幕墙形式	部位	用胶种类	密封胶种类	符合标准
玻璃幕墙玻璃采光顶	接缝密封	硅酮建筑密封胶	硅酮	《幕墙玻璃接缝用密封胶》JC/T 882—2001
				《硅酮和改性硅酮建筑密封胶》GB/T 14683—2017
				《建筑密封胶分级和要求》GB/T 22083—2008
金属幕墙	接缝密封	硅酮建筑密封胶	硅酮	《硅酮和改性硅酮建筑密封胶》GB/T 14683—2017
				《建筑密封胶分级和要求》GB/T 22083—2008
石材幕墙	接缝密封	是采用建筑密封胶	硅酮、聚氨酯、改性聚醚	《石材用建筑密封胶》GB/T 23261—2009
	干挂石材幕墙挂件与石材之间的粘结	干挂石材幕墙用环氧树脂胶粘剂	环氧	《干挂石材幕墙用环氧胶粘剂》JC 887—2001
其他幕墙	接缝密封（陶板、瓷板等多孔型材料面板）	石材用建筑密封胶	硅酮、聚氨酯、改性聚醚	《石材用建筑密封胶》GB/T 23261—2009
	接缝密封（微晶玻璃、金属板等无孔型材料面板）	硅酮建筑密封胶	硅酮	《幕墙玻璃接缝用密封胶》JC/T 882—2001
				《硅酮和改性硅酮建筑密封胶》GB/T 14683—2017
				《建筑密封胶分级和要求》GB/T 22083—2008
各种幕墙	防火分区接缝密封	建筑用阻燃密封胶	硅酮、改性聚醚、聚硫、聚氨酯、丙烯酸、丁基	《建筑用阻燃密封胶》GB/T 24267—2009
		防火封堵材料		《防火封堵材料》国家标准第1号修改单GB 23864—2009/XG1—2012

1.5　房地产项目立面设计手册解析

经过建筑大师对建筑外立面一系列的设计和研究，最终会将建筑立面体型设计、表皮展现形式、系统配置选型、材料运用组合等重要成果汇总到"立面手册"当中。

立面手册是建筑师和业主之间最为简洁、直观的沟通桥梁，相对单调枯燥的设计图纸，立面手册色彩丰富、图文并茂、表达清晰，是方案阶段后期非常重要的里程碑式汇报文件。其包括了项目简介及效果图、立面设计说明、材料选样及清单表、平面分色、立面分色、材质分缝、节点解析、部品控制等内容。

立面手册与建筑方案图纸、二次专项设计典型节点图纸相辅相成，全面而细致地阐述了开发项目的产品特点，保证效果还原度，可以提前发现并解决设计施工盲点，减少从设计到建造的误差，避免这两个阶段衔接的脱节，更好地为外立面施工提供指导和控制。

下面我们就立面设计手册中需要重点关注的内容做简要解析：

1）项目简介及效果图：对项目最直接的认识都是从效果图开始，效果图配合项目简介能够完整清晰的展示建设地块所处市场环境、整体条件、项目寓意、设计理念等等。立面效果是对外界展示的一种产品形象，更是建筑物个性的体现，整体鸟瞰、各方向正立面、特定视角的位面、重要驻足点视角的效果图都是不可或缺的渲染表达方式（图1.5-1、图1.5-2）。

2）立面设计说明：设计总说明一般对手册内容进行简要介绍，便于快速查阅和理解设计意图，特别需要阐述立面设计风格或风格推演逻辑、设计元素提取过程、立面色彩和材质索引等等。

3）材料选样及清单表：按照不同业态、部位和类别，采用清单式列表全面表达各个材料的材质及颜色（色卡或色号）、技术要点、立面分布位置（使

图1.5-1 小区规划鸟瞰效果图

图 1.5-2　小区内各栋外立面效果图

用部位描述）、示意图例等（图 1.5-3）。本节要注意材料应用的可行性研究，特殊材料需要提供实际案例作为支撑。

类别		颜色材质	使用部位	色号	加工工艺	材料示意	示意位置
墙体	金属	深灰色金属线条	入口雨蓬、屋檐收边、窗间收边、栏杆	××××	干挂		
	门窗	深灰色铝合金线条（窗户型材）	窗边线脚	××××	成品定制		
部件	部件	灰色玻璃	住宅窗户、门，入口大堂中间门口	Low-E玻璃	成品定制		
		竖纹彩釉玻璃	入口大堂两侧玻璃		成品定制		
		深灰色金属百叶	背立面空调机位	××××	成品定制		
		深灰色铁艺栏杆	背立面连廊栏杆	××××	成品定制		

图 1.5-3　立面材料选样及清单表示意

4）平面分色：根据上述材料定义的示意图例，在项目对应的各个典型平面图上，详细标明材质的分布及交接情况（图1.5-4）。需重点关注材质交接的部位，以及一些内凹转角等立面上表达不到位、容易产生遗漏或错误的地方，如阳台、空调机位、镂空部位的平面材质标注（图1.5-5）。

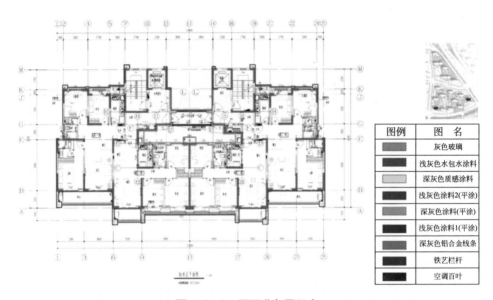

图例	图　名
	灰色玻璃
	浅灰色水包水涂料
	深灰色质感涂料
	浅灰色涂料2(平涂)
	深灰色涂料(平涂)
	浅灰色涂料1(平涂)
	深灰色铝合金线条
	铁艺栏杆
	空调百叶

图1.5-4　平面分色图示意

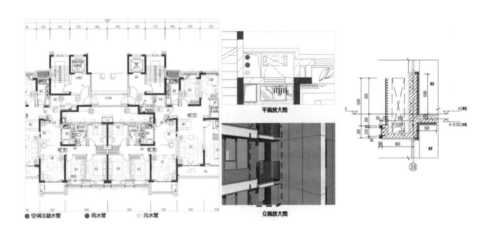

图1.5-5　重点关注部位的平面分色图示意

5）立面分色：与平面分色类似，在各个立面图上详细标明材质的分布及交接情况。如遇内外层立面或立面繁杂的情况，建议单独设置立面分色信息

（图1.5-6）。如有必要时可以采用透视分色图或结合实体模型共同参考，进一步补充说明（图1.5-7）。

图例：
浅灰色水包水涂料
浅灰色涂料2(平涂)
浅灰色涂料1(平涂)
深灰色质感涂料
深灰色铝合金线条(窗户型材)
深灰色金属线条
灰色玻璃
浅灰色仿石砖
深灰色金属百叶
竖纹彩釉玻璃
深灰色铁艺栏杆
深灰色涂料(平涂)

南立面图效果图　　　北立面图效果图

浅灰色水包水涂料
浅灰色涂料1(平涂)
深灰色质感涂料
深灰色铝合金线条(窗户型材)
深灰色金属线条
灰色玻璃
深灰色金属百叶
深灰色铁艺栏杆
浅灰色仿石砖
竖纹彩釉玻璃

浅灰色水包水涂料
灰色玻璃
深灰色铝合金线条(窗户型材)
浅灰色涂料2(平涂)
深灰色金属线条
深灰色质感涂料

图 1.5-6　立面分色图示意

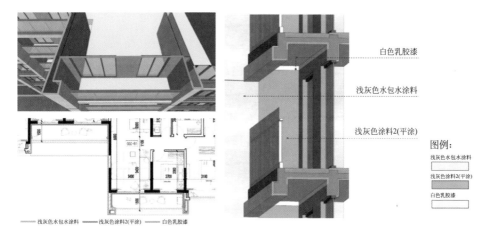

白色乳胶漆
浅灰色水包水涂料
浅灰色涂料2(平涂)

图例：
浅灰色水包水涂料
浅灰色涂料2(平涂)
白色乳胶漆

浅灰色水包水涂料　　浅灰色涂料2(平涂)　　白色乳胶漆

图 1.5-7　立面模型分色图示意

6）材质分缝：详细列举各个立面分缝图，以及局部立面分缝图，包括了各项材质的分缝原则，横向或竖向分缝走向、缝间距、缝宽度、缝深度、缝颜色等信息（图1.5-8）。分缝的对位或交圈的合理性直接决定材料的使用率，以及配套系统的安装的难易程度，此项工作需要二次深化设计单位尽早介入，密切配合为宜（图1.5-9）。

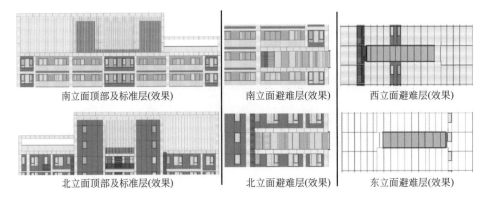

南立面顶部及标准层(效果) 南立面避难层(效果) 西立面避难层(效果)

北立面顶部及标准层(效果) 北立面避难层(效果) 东立面避难层(效果)

图1.5-8 立面分缝原则示意

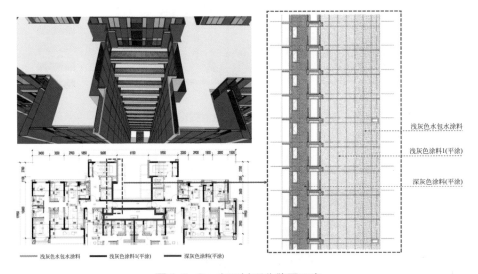

浅灰色水包水涂料
浅灰色涂料1(平涂)
深灰色涂料(平涂)

——浅灰色水包水涂料 ——浅灰色涂料1(平涂) ——深灰色涂料(平涂)

图1.5-9 立面材质分缝图示意

7）节点解析：按立面构成，截取有代表性的外墙片段进行平立剖面图的详细解析（图1.5-10）。例如住宅项目按屋顶、标准层（及设备层）、塔基的三段式设计逻辑以及正面、背面、侧面的展开顺序，逐项剖析典型节点；简单商业项目则直接按整体墙身剖面来分析节点构造。此时建筑方案图中示意的立面安装节点需要有二次深化设计单位的配合为宜，比如需要特别关注门窗型材与墙体完成面、精装完成面的对位关系表达。节点分析的数量多寡和质量优劣，对整个项目外立面的效果控制、成本控制、施工控制都起到关键性作用。

8）部品控制：在剖面节点的基础上，对于各类部品配置也需要进行详细

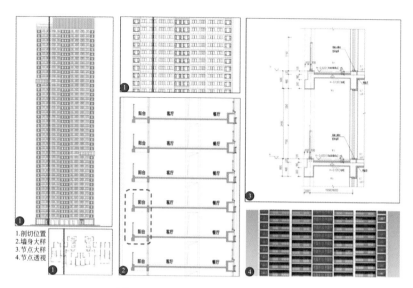

图 1.5–10　墙身大样节点解析示意

阐述，包括但不限于立面门窗系统、幕墙系统、阳台栏杆、装饰构件、檐口及门头的造型线条等（图 1.5–11）。

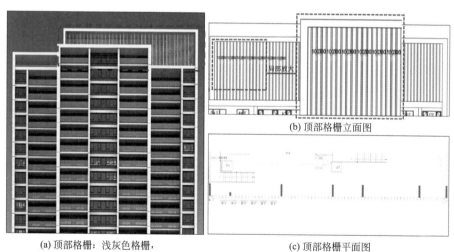

(a) 顶部格栅：浅灰色格栅，
100mm×300mm，间隔300mm

(b) 顶部格栅立面图

(c) 顶部格栅平面图

图 1.5–11　立面部品设计控制示意

9）立面相关：与立面专业交圈的部位也不容忽视，例如泛光灯具、厨卫开孔、排风通道、外露管线、空调外机、太阳能板等，往往一些小细节的失误都会是致命的问题。

综上所述，外立面方案设计阶段就告一段落，该阶段建筑方案设计师作为主导，建筑师、立面顾问从旁辅助，基本确定了建筑外饰效果的大方向以及典型节点做法。下一阶段就轮到立面顾问抢占二次深化设计的重头戏了。

1.6　武汉中心438m超高层建筑立面方案设计解析

随着中国经济的蓬勃发展，武汉已然成为华中最具有实力的地区，地标性的建筑也将代表这一个城市的形象。武汉中央商务区打造的超高层建筑"武汉中心"项目（图1.6-1），共88层，总高438m，拥有地上建筑面积约27.1万 m^2，地下建筑面积约8.4万 m^2，是聚集办公、公寓、酒店、观光等多种功能于一体的超高层综合大厦（图1.6-2）。武汉中心项目不仅社会影响力广、投资规模宏大、开发周期长、技术难度高，各项设计工作均具有很强的专业性，特别是观感效果直接影响着武汉城市形象及价值效益，所以建筑立面专项设计首当其冲，其政治重要性、设计复杂性和实施艰巨性是显而易见的。

图1.6-1　武汉中央商务区与武汉中心

在做武汉中心建筑立面方案之前，设计团队对国内的一些超高层项目进行了参观考察，对各种立面幕墙的形式做出分析和比较，其中建成的南京紫峰大厦和当时在建的上海中心项目极具参考意义。南京紫峰大厦的立面像龙鳞一样呈纵横交错的锯齿状，其幕墙采用的是单元式叠层幕墙。从建筑的几何形体构造上来说，是一个在边角部设有弧形的柱体，由于建筑的竖向剖面方向没有曲率和进退变化，边角部则是椭圆柱体放样。上海中心项目的立面为单曲线扭转放样，同时平面为圆弧放样，因此产生了上下层间错台的建筑效果，同时外幕墙板块也是上下错位布置。鉴于叠层幕墙、板块错位和层间错台的视觉冲击效果十分强烈，华东院决定在预先设定的"帆都"方案中融入这些元素，使得武汉中心的立面形态非常特别，能够体现"长风破浪会有时，直挂云帆济沧海"的"泛海扬帆"之意（图 1.6-3）。

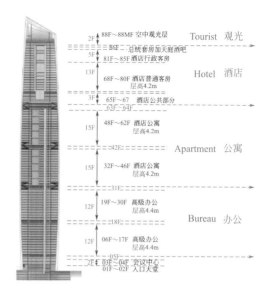

图 1.6-2　武汉中心功能分区

图 1.6-3　武汉中心建筑体型设计逻辑

武汉中心立面方案比选时有三种形式，方案 A 是叠型单元式幕墙，方案 B 是平面错缝单元式幕墙，方案 C 是玻璃翼单元式幕墙。通过类似价值工程的方式进行了方案评比，A 方案的造价较高但造型符合设计逻辑，方案 B 的观感普通而无法充分体现本项目的特殊意义，而方案 C 的存在一定风险且维护的隐性成本较大，最终敲定了强调空间立体感、具有数码表皮肌理、材质对比强烈的方案 A。在合理的概算范围内，该建筑物的总体格调、外部形体及内部空间的观感效果，整体环境的适宜性、协调性，文化内涵的韵味及其魅力等均能够达到项目的要求（图 1.6-4）。

(a) 方案A   (b) 方案B   (c) 方案C

图1.6-4 武汉中心立面展现形式对比分析

当然，任何设计意图不能脱离现实的施工技术和装备水平，一定要充分考虑施工的可行性，从测量放线，到误差吸收，从系统划分，到部件兼容，设计时越为施工着想，施工的还原度就越高。武汉中心幕墙板块会因其所处空间位置的不同而呈非常繁复的空间几何数据定义的变化，故塔楼幕墙的系统设计必然会面临有别于常规单元幕墙的困难。为使幕墙工程的系统与构造设计既能适应上述的各种空间定义的变化，又可始终处于受控状态，建筑设计团队配合幕墙顾问提出了复杂却有规律可循的幕墙设计与构造定义。

本项目建筑表皮的典型特征是将空间折叠形单元板块以错缝、错台（包含悬挑或退台）方式来拟合上述超级曲面所定义的空间关系。其几何原理是将空间形体中每一被微分的空间曲面板块解析为竖向平面的标准幕墙板块，及水平向的平面转换构件。二者相互之间的构造关系为上下标准板块，可通过水平设置的转接构件解决板块间竖向的空间错位与闭合的问题；而每个水平转换构件的平面形态则解决了相邻板块之间各种不同的曲率半径变化的几何定义问题，经过充分的研究与归纳，塔楼的板块划分为四种情况，全部工况都能够通过合理的加工工艺和施工工法来实现。

第一种是6～37层"小曲率、大半径"范围，楼层之间没有错台，属于常规几何构造形体；第二种是6～37层"大曲率、小半径"范围，楼层之间出现向室外渐变错台，并且每层错台尺寸从大小曲率变化处到大曲率圆弧段中点逐渐变大；第三种是37～87层"小曲率、大半径"范围，楼层之间出现向室内渐变错台，但每层为等值错台；第四种是37 ~ 87 层"大曲率、小半径"范围，楼层之间出现向室内渐变错台，并且每层错台尺寸从大小曲率变化处到大曲率圆弧段中点逐渐变大（图1.6-5）。由此可见，汇集了叠层造型、板块错位和层间错台等异形要素，导致塔身幕墙设计的重难点至少包括以下几点：

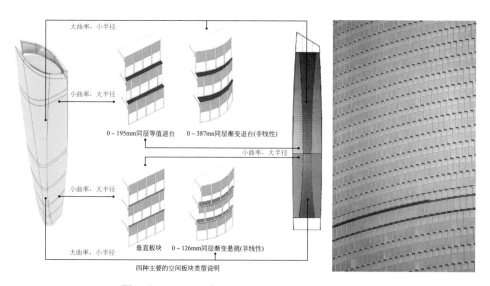

图1.6-5 武汉中心单元板块与体型区域的关系

1）幕墙单元分为A、B板块的组合构造；

2）立面上相邻上下层幕墙单元的错位布置；

3）剖面上悬挑或者退台的进出关系；

4）平面上大小曲率加大小半径的变化；

5）连续完整的防水构造和排水路线；

6）幕墙单元板块与主体结构连接情况（图1.6-6）。

解决第一个难点，是叠形板块拼装在构造上采用了双单元板块组合的构造形式。即：幕墙铝型材框组成功能单元A，玻璃及开启窗组成的造型单元B，二者可同时进行组装并分别运输，在工地附近的加工厂合成为一个完整的单元板块。

第二个难点的错位布置和第三个难点的进出关系，则可以通过层间的可变单元构件将上下层标准板块整合起来。不过此时，若将"可变单元构件"进行构造细分设计的话，将受到第四个难点"平面有大小曲率半径的变化"的影响。除了转接挂件成角，竖向公母型材成角满足该难点设计要求外，还特别涉

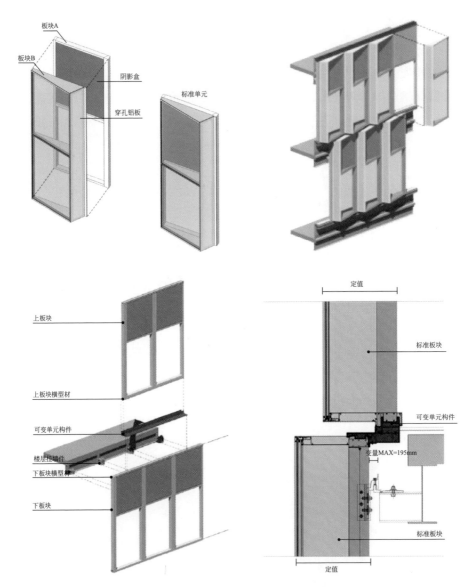

图1.6-6 武汉中心单元板块拼装概念

及的部位在于本层单元板块的上横型材如何适应上层单元板块下横型材的在弧线并错位状态下的对插构造。此处上下横型材与插芯型材的设计是整个项目的重难点，该处型材截面设计中如何兼顾构造功能要求、形成可靠连续的传力体系，以及"T形缝"部位的防水排水设计，是此单元系统设计的重中之重。

根据工况边界条件，可采用下层单元板块的上横型材分离设计思路，即：把满足上层板块下横型材折线插接需要折断功能要求的A部分，以及需要保证传力上可靠连续的结构 B 部分分开设计，通过计算在相应位置两者用螺钉连接，使 A 部分相对独立完成幕墙水密气密性能和传递上部板块荷载的功能，又和 B 部分统一成整体将荷载传递到与 B 部分两端连接的转接件上最终传给支撑结构，同时也便于施工和安装。上横型材设有辅助限位卡，增强上横型材的截面特性，保证板块的受力要求（图 1.6-7）。

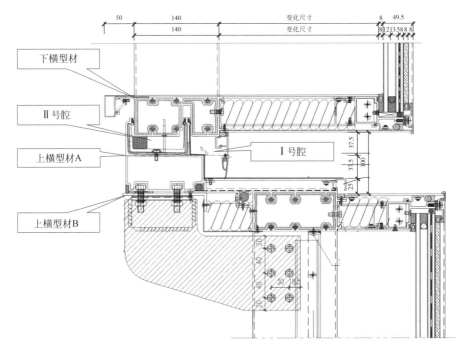

图 1.6-7　武汉中心单元系统节点深化设计

　　系统防水采用多腔排水、多道密封的设计原理。横向构造系统共设计了两个腔体和三道密封线，Ⅰ号腔体为等压腔体，利用雨幕原理可排走大量的水，Ⅱ号腔体为密封腔体，可有组织地排走少量的渗漏水。三道防水线均采用性能优良的 EPDM 胶条密封。同时，板块外部台面的雨水通过挡水边和排水槽引流，可以有效防止污水泪痕的负面观感（图 1.6-8）。

　　上述的一系列构造设计，系统性解决了 10619 橙塔身段异形单元体板块的各项技术重难点，最终完美地实现了建筑形体设计，达到了外立面的性能要求（图 1.6-9）。

　　正如前图所示，武汉中心包含了观光、酒店、公寓以及办公等功能区段，根据不同功能区段安排对应的清洁周期需求，观光及酒店区段约每月一次，公

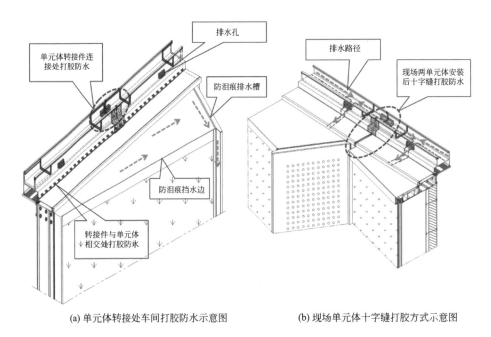

(a) 单元体转接处车间打胶防水示意图   (b) 现场单元体十字缝打胶方式示意图

图 1.6-8　武汉中心单元系统防水排水设计

图 1.6-9　武汉中心幕墙安装过程记录

寓约每两个月一次，办公区段约每三个月一次。在每个区域设置独立擦窗机系统，当各个系统在操作时，不会对其他区域造成不便，减少垂直行走的时间，极大地提高了擦窗机的工作效率。因此分别在顶部、设备层63层和31层各布置了2台擦窗机，共计6台擦窗机来满足要求。

图1.6-10　武汉中心冠顶及擦窗机布置示意

　　主楼冠顶部位布置的擦窗机主臂是伸缩型，使吊台能覆盖大楼每一个立面，特别是塔楼的两条凹槽部位。它的轨道与楼冠形态配合，处于塔顶斜面，且在斜面内走弧线。由于轨道是斜的，基座配备了双转盘，使主臂保持水平状态，避免吊台倾斜，稳定吊台。同时，顶部擦窗机还具备塔吊模式，吊台配备物料卷扬机，可作维护及更换幕墙板块之用（图1.6-10）。

　　设备层的擦窗机需要从大楼内部向外部操作，在设备层的空间范围、轨道距离、擦窗机体积、主臂长度、进出机座等互相干涉的复杂限制下，确实产生了不小的设计难度。经过反复推敲，将轨道巧妙地隐藏并贴合在幕墙之间，减少对大楼外观的影响，擦窗机也能够贴近大楼幕墙，减少对支承结构的荷载需要。擦窗机的进出采用两个单元板块与推车整合，当处于正常状态时，两个单元板块就固定在推车上；当需要维护时，推车连同板块退入设备层，擦窗机横滑到两个板块之前，就位后推车驶出，推车上的滑轨与幕墙隐藏的轨道平齐，擦窗机就可以进入工作状态了。擦窗机在垂直工作时以扣锁系统配合操作以稳定吊船，可减少因风力所产生的影响。收回擦窗机时，反转上述流程即可（图1.6-11）。

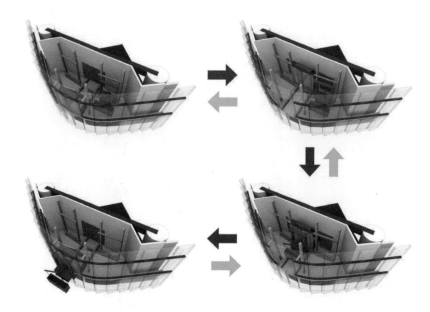

图1.6-11 武汉中心设备层擦窗机布置及运行示意

　　武汉中心的主体塔身是由近万块幕墙单元按照数学模数组合而成。其建筑构成、表皮形态、幕墙技术等元素上都是国内顶尖的水平。在这么复杂的单元模组上结合灯光，既要不破坏建筑体本身美感，又要尽量减少对幕墙的影响，这是极其困难的。塔冠上将实现与幕墙分格结合的像素级别LED mesh屏幕，将LED模组安装在铝制U形槽内，使其对室内达到零眩光影响。同时，各种资讯信息都可以显示在屏幕上，所形成的沟通平台将使武汉中心成为地标建筑最具影响力的风景之一。中缝两侧对打灯光的照明方式将会体现建筑最具美感、贯通统一的线条。基座为大面积的石材，将使用大功率的地埋灯密排，这样会使灯光均匀地由下至上地照亮石材幕墙（图1.6-12）。

　　而本项目泛光设计最画龙点睛的部位就是塔身的设计了。其灯具的安装方式是根据锯齿状的幕墙走势安装LED投光灯，即每一组幕墙对应一个灯具。武汉中心的幕墙特点如同龙鳞一样错落分布，上下交错的特点也正是要体现灯光效果的最佳选择，随着观看角度不断地变化，主体将会呈现波光粼粼的视觉感受。这时将选择一款包含底座支架安装的、可调投光角度的LED全彩色投光灯具，安装在每组幕墙侧面，投射目标为侧面通高的穿孔铝板。这种窄光束的投光灯可将通高的穿孔铝板照亮，并照亮上一层幕墙的底面，使得这种龙鳞般的构造体现得更加明显（图1.6-13）。

图 1.6-12　武汉中心泛光方案效果图

图 1.6-13　武汉中心幕墙及泛光工艺样板

　　以上是武汉中心438m超高层项目的外立面，包括了幕墙、擦窗机、泛光等专项，在建筑方案设计和扩初阶段的相关内容。其后，项目团队进一步通过严谨务实的技术管理，成功地向世人展示了武汉中心外立面的风采，正所谓"琼楼玉宇飞玉境，碧海廊冠入云端，妙手裁剪霓裳衣，穹顶登临报佳音"。

第2章 建筑外立面二次深化设计专篇

第1章阐述建筑体型、展示形式、材料应用等认知性、感性方面的内容居多，本章将阐述立面二次深化设计相关要点，逻辑性、理性的内容居多。因为，房地产开发的技术管理工作必须基于建筑立面设计规范及相关地方规定，同时要着眼于需重点关注、深入把控和妥善协同的设计事项，那么方案资料是否提供充分、技术要点是否管控到位、专业交圈是否沟通明晰，都是深化设计工作中的重难点（图2.0-1）。

图 2.0-1 武汉中央商务区傍晚时分实景图

2.1　幕墙设计提资技术要求

一、建筑设计初步成果核对

1）关注前期报规阶段的条件输入，项目涉及的技术经济指标，应与方案批准意见书中的指标严格一致，应与总平面、立面、剖面等各类文件和图纸的反馈信息严格一致。

2）总平图中的建筑构筑物应准确表达建筑轮廓线，并核实红线定位范围。

3）立面图纸应结合前期初设成果及审核意见，逐条核对立面外观要求、外墙用材清单、各部位的配置是否匹配，并保证与报审通过的立面效果图基本一致。核实可编辑的最新版本三维模型（SketchUp、Rhino 或 Revit）与最后确定方案一致。

4）根据相关联的外部评价指标，完善各类认证的设计目标、建筑技术措施的说明和要求。如星级酒店标准、建筑 LEED 认证或绿色星评级对围护幕墙性能指标具体要求。

5）核实立面手册的准确性和完整性。核实提资图纸的完整性和版本号。

6）开发商形成的内部参考标准、技术指引和成型图集。

7）落实建筑立面的成本限额，在立面二次设计阶段进行合理选型和调整。

二、建筑底图基准核对

1）复核建筑设计底图是否使用正确的版本，是否响应方案设计图的想法及设计意图。务必关注建筑底图设计调整、升版等动向，必须实时替换对应版本，并做好更新记录，包括更新内容和原由，确保底图一致性。

2）完整并正确引用相关设计和施工标准、政府批准文件、建设单位相关法规和标准。

3）复核设计依据和原则、设计范围和内容，以及功能配置、主要指标等信息的描述。

4）立面设计应有相关专业设计明确界面和分工范围，如与景观、精装、机电、结构等专业配合，并保证专业交圈设计合理性。

5）需对专项设计、特殊设计的内容应提出设计需求，如特种材料、膜结构、消防排烟窗、电动门、通风器、LED 广告屏、裸眼 3D 系统等范畴。

三、建筑立面图提资核对

1）建筑立面图准确完整、分格需要清晰表达，特别关注立面图中未能全面表达的区域，包括但不限于屋顶、吊顶、雨篷、进出位、进退面的表皮做法，以及"双层表皮"两层解析，紧邻的两座建筑之间隐藏或遮挡的立面等工况。

2）一般需要保证建筑立面转折处的分缝对齐，立面与吊顶处的分缝对齐，立面与压顶板处的分缝对齐，建议建筑院绘制类似部位的展开立面详图。核实不同材质搭接或功能分区交接的分缝逻辑合理。

3）不同立面材质的填充图例及索引标注应准确无误。面材板、背板、涂料、百叶格栅等项目的分布和状态应与立面手册相呼应。

四、建筑平面图提资核对

1）建筑平面图、立面图、结构图应对位叠图复核。复核建筑外轮廓线与结构边线的对位关系，不得出现结构线突破建筑外轮廓线、两者距离太近且无足够安装空间、两者距离较大且无法补充结构的情况。

2）关注建筑标准平面图、首层或架空层平面图、屋面平面图、屋面机房层平面图、屋顶图各处女儿墙标高或屋顶收口标高是否与立面图标高标注匹配。

3）根据建筑平面布局以及室内功能划分，反向提资外立面分格设计。核实门窗开洞、格栅、百叶、雨篷、护栏、楼梯、柱位等部件的位置应在平立面上保持一致且合理可行。

4）结合平立面图纸，评估立面系统与建筑防火分区的关系。初步核实开窗面积满足建筑规范和消防规定的要求，栏杆高度是否满足规范。墙体保温设置部位与建筑面积的关系，与施工界面划分的关系。

5）关注与立面设计相关的车道入口、人防口、泄爆口、独立于主体结构外的通风井、采光井等，避免此类部位的设计遗漏或界面模糊。

五、建筑剖面图提资核对

1）墙身大样应齐全，所有类型的立面及造型变化处都有对应的墙身大样作为依据。

2）墙身大样与立面表达应无差异，看线表达完整，分格对缝准确，剖切面的各部位对应无误。

3）复核建筑剖面的边梁尺寸与结构图设计边梁截面尺寸对应，并关注结构截面尺寸和埋件系统的匹配关系。

4）常见重点关注内容包括但不限于：屋顶花架和女儿墙的构造关系、外墙清洗维护设备放置关系、横向与竖向线条的进退关系、吊顶或连廊、平台类形体的进出关系、内层及外层幕墙连接关系、主出入口及大堂门厅的布置关系，主出入口雨篷与主结构的关系、室外地脚高差关系、非透明墙体后方的防水保温构造关系、屋脊和檐口造型关系、天沟或积水槽几何尺寸以及排水方式、排水管和其他管道的隐藏和走向等（图2.1-1）。

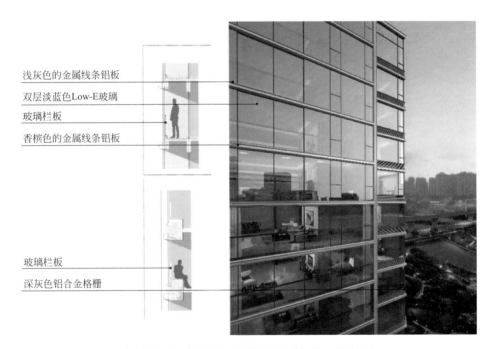

浅灰色的金属线条铝板
双层淡蓝色Low-E玻璃
玻璃栏板
香槟色的金属线条铝板

玻璃栏板
深灰色铝合金格栅

图 2.1-1　核实立面大样与墙身剖面的对位关系

六、建筑结构图提资核对

1）核实结构设计说明、重要设计参数和参考资料，如风压取值、雪荷载值、抗震设计要求等。

2）检查与立面系统连接有关的结构图纸，确认建筑图中的梁、板轮廓线与结构图关系的一致性，建筑图中的墙、柱位置与结构图关系的一致性。

3）立面系统需要在主体结构设置支撑的部位和设计反力应得到主体院确认。特别是高度较大的结构、大跨度结构、大悬挑结构、拉索拉杆等有预应力的设计需主体院提供技术支持及结构支反力设计。

4）顶层及层间擦窗机、屋顶周圈维护设备与主体结构、牵制扣与立面系统的连接应安全合理，并进行结构设计校核。

5）设计悬挑雨篷、悬挑造型钢结构、泛光灯具、立面LOGO标识及重型标识悬挂时，需考虑结构荷载及预埋件事宜。

6）需后期改造的部位，应按较大值预留，同时应考虑施工期间的施工荷载。

七、各类相关信息提资核对

1）核实并采用风洞试验报告、安评报告中的数据信息，达成准确的立面结构设计。

2）核对建筑节能计算报告，关注立面传热系数等设计限值。重点关注体型系数、窗墙比、透光幕墙的传热系数、遮阳系数、可见光透射率、非透光幕墙的传热系数、保温棉厚度及容重等重要参数。此类数据常因计算软件默认的选项与实际不符，需要在过程中把控。

3）核实建筑幕墙抗风压性能、水密性能、气密性能、平面内变形性能、空气隔声性能、耐撞击性能等各项技术物理性能指标满足项目需求。

4）有防雷风险评估要求的建筑幕墙，宜在设计初期完成评估。

2.2 建筑外立面深化设计的管控要点

本节主要阐述外立面二次深化设计阶段常用且共性的技术要点，针对不同立面系统及配置的精细化管控要点，将在后续章节中详细说明。由于每个项目的进度不一或者运营模式的不同，立面深化单位介入的时间点或早或晚，在介入时除了核实并协调设计提资内容以外，还需要全面梳理和把控深化设计的各专项内容。各类设计要点必须基于规范中对应的条款，本书主要提及工作实践中经常讨论或容易忽略的地方，以及解决重难点问题的思路。

一、幕墙深化设计总则

1）根据建筑的使用性质和功能需求、立面效果、结构体系、环保节能、城市景观等条件和要求选择建筑幕墙类别，根据拟采用的面材和造型构造方式，选取经济合理的幕墙类型（图2.2–1）。

图2.2–1　住宅公建化外立面与公建项目外立面相映成辉

2）核实图纸版号信息，确保幕墙深化图纸的完整性，图号、图名与图内标注、索引的一致性。保证封面目录、设计说明、立面图、平面图、大样图、节点图、埋件图、计算书等重要组成部分无漏项，如设计内容存在甩项或者暂定项，或者有变更版本的内容，需在图中明确圈示并辅以文字交代。

3）幕墙系统节点设计必须考虑安装顺序和施工措施，确保施工的安全性和准确性，同时考虑清洗、维护、更换的合理性和便捷性。

二、建筑类别设计要点

（1）安全方面

1）鼓励使用轻质节能的外墙装饰材料，从源头上减少立面幕墙的安全隐患。玻璃幕墙、金属幕墙适用于高度不大于300m的项目，花岗石石材幕墙适用于高度不大于120m的项目，其他人造面板材料适用于高度不大于80m的项目。

2）新建住宅、党政机关办公楼、医院门诊急诊楼和病房楼、中小学校、托儿所、幼儿园、老年人建筑，不得在二层及以上采用玻璃幕墙。此时公建化外立面效果会由洞口窗加铝板幕墙的体系或者由窗墙（排窗）系统加装饰线条的体系来实现。

3）人员密集、流动性大的商业中心，交通枢纽，公共文化体育设施等场所，临近道路、广场及下部为出入口、人员通道的建筑，严禁采用全隐框玻璃幕墙，可考虑半隐框效果。临街的幕墙玻璃宜采用夹层玻璃。主要出入口上方的幕墙，应设置水平防护设施。

4）玻璃制品易碎裂坠落，不宜在外立面作遮阳部件或装饰部件。

5）上述建筑在二层及以上安装玻璃幕墙的，应在幕墙下方周边区域合理设置绿化带或裙房等缓冲区域，也可采用挑檐、防冲击雨篷等防护设施。

6）在建筑高度5倍距离的周边范围内有住宅、中小学、托儿所、幼儿园、养老院和医院病房等敏感目标时，玻璃幕墙设计应通过光反射环境论证。必须避免有害反射光对人、车辆、绿化、设备及其他建筑物和构筑物造成不利影响。

（2）功能尺寸类

1）玻璃幕墙立面的分格宜与室内空间组合相适应，不宜妨碍室内功能和视觉。在确定玻璃板块尺寸时，应有效提高玻璃原片的利用率，同时应适应钢化、镀膜、夹层等生产设备的加工能力。

2）幕墙开启窗的设置，应满足使用功能和立面效果要求，开启窗的布置位、开启扇方向与建筑平面、精装平面设计一致，避免设置在梁、柱、隔墙、和室内布局干涉处等位置。幕墙开启窗应启闭方便，开启高度合理、开启方式人性化（图2.2-2）。

3）幕墙高度方向宜在结构梁上下同时设计分格，以利于幕墙防火封堵设置及室内吊顶装修、室内地面踢脚装修。

4）通常的幕墙面材完成面到结构边缘线的距离是：框架玻璃幕墙所需的构造尺寸为200～250mm；单元式玻璃幕墙所需的构造尺寸为300～350mm。

5）幕墙立柱截面尺寸关系到立面采光及外观效果，一般来讲，在满足结构设计的情况下，框架式幕墙的立柱深度在120～150mm，宽度在60～75mm；单元式幕墙的立柱深度在100～200mm，宽度在100mm左右。考虑在室内的观感，立柱可采用外宽内窄变截面形式（图2.2-3）。

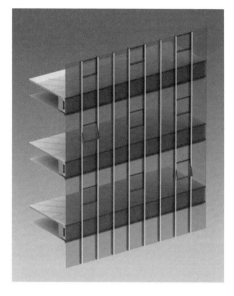

图 2.2-2　幕墙标准层及开启窗示意

三、结构类别设计要点

（1）模型构造类

1）立面系统各部件应具有足够的承载能力、刚度、稳定性和相对于主体结构的位移能力。连接节点的结构设计应满足规范要求。结构建模时需正确合理地评判节点所处工况，如边界条件难以精确表达时，应整体建模计算。

2）向建筑、结构专业提议适当的幕墙边界条件，使幕墙构造体系有更合理的受力状态，如对简支梁、双跨梁、悬挑梁等，进行受力模型的对比分析，避免繁琐的转接构件，减少龙骨使用量。立柱的支点应置于主体结构允许受力的部位，如需在主体结构非受力构造部位设支点时，应作必要的结构处理和验算确定。例如，土建结构梁高度宜不

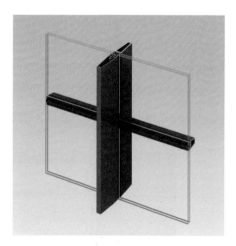

图 2.2-3　幕墙立柱和装饰线条的变截面设计示意

小于0.8m，便于幕墙立柱设计成双跨简支梁，减少工程造价，同时又有利于防火封堵设置。再以框架式幕墙分析为例，层高在3600mm以下时立柱宜采用单支座，结构受力比较有利，且节约成本。层高在3600mm以上时宜采用双支座，可对比分析型材含量优化的差价对于需增加的预埋件、转接件、螺栓的总价。

3）框支承玻璃幕墙中，当面板相对于横梁有偏心时，框架设计时应考虑

重力荷载偏心产生的不利影响。

4）超出屋顶的幕墙高度较高时，应协调结构师设计结构支撑，或预留土建结构作为幕墙支撑结构的生根点。

5）幕墙装饰线条可由幕墙专业设计小型钢架支撑，如线条较大则需酌情由结构专业另设混凝土结构或钢结构。

6）预埋件和后置埋件在布置点位时，应考虑其施工便捷性和收口美观性。后置埋件设计应核实结构图中配筋分布状态，不应出现干涉情况。需特别注意避免埋件影响防水卷材的收口，不应产生渗漏隐患，例如在屋面层、地下室顶板布置的埋件。

7）在进行结构计算和软件参数设定时，务必核实模型搭建、受力工况、边界条件、约束状态、荷载取值、材料性能等信息，注意软件中的默认选项的适配性。

（2）荷载取值类

1）风荷载取值时，应核实基本风压值、局部风荷载体型系数、建筑群干扰增大系数、风压高度变化系数、阵风系数等。建筑高度较高、体型不规则或风环境复杂的幕墙结构，应采用风洞试验或数值风洞方法确定。幕墙高度大于200m时应进行风洞试验，幕墙高度大于300m时应由两个非关联单位各自提供独立的风洞试验结果相互验证。对用风洞试验或数值风洞方法所得结果应作分析和判断（图2.2-4）。

图2.2-4　风洞试验模型

2）抗震设计要点。根据项目类型及项目所在地，充分考虑抗震设防类别、抗震设防烈度、设计基本地震加速度、水平地震影响系数最大值、平面内变形性能指标值（关联主体结构弹性层间位移角限值）、抗震措施。特别关注项目工程场地地震安全性评价报告中反馈的数据和信息。

3）在重力荷载、风荷载、地震荷载、温度荷载和主体结构变形影响下，立面系统应具有安全性。在设防烈度地震作用下经修理后幕墙应仍可使用，在罕遇地震作用下，幕墙骨架不得脱落。幕墙的面板与骨架之间采用防脱、防滑设计。

四、水密气密设计要点

建筑幕墙、门窗的性能等级应根据建筑类别、使用功能、所在地的地理气候及环境等条件确定。建筑设计说明及幕墙设计说明中应准确表达项目的性能等级指标。

1）建筑幕墙水密性能是开启部分为关闭状态时，在风雨同时作用下，建筑幕墙阻止雨水向室内侧渗漏的能力。水密性能分为静态风压（稳定风压、波动风压）水密性能和动态风压（螺旋桨法、轴流风机法）水密性能两大类，常见的水密性试验有水膜试验、现场淋水试验、局部暴风试验、动态水密性能试验等。可开启部分和固定部分水密性指标分级不应低于《建筑幕墙》GB/T 21086–2007中规定的3级指标值。

2）建筑幕墙气密性能是开启部分为关闭状态时，在室内外压差作用下，幕墙整体以及可开启部分阻止空气渗透的能力，以标准状态下单位缝长的空气渗透量作为分级指标。有供暖、通风、空气调节要求的玻璃幕墙的指标分级不应低于《建筑幕墙》GB/T 21086–2007中规定的3级指标值。而建筑门窗的气密性保障与其选型有密切联系，设计过程中常见讨论部位有厨房推拉窗、阳台推拉门等。

五、防火救援设计要点

为阻止建筑物火灾中的串烟、串火、卷火等不利工况，须对建筑构造尺寸、缝隙防火隔烟封堵、消防救援工作条件做好充分设计，以保证人身及财产安全。

（1）楼层边沿建筑构造

1）楼层边沿应有高度不小于1.2m 的实体墙，或挑出宽度不小于1.0m且长度不小于开口宽度的防火挑檐。当室内设置自动喷水灭火系统时，实体墙高度不应小于0.8m。

2）当上下层开口之间设置实体墙有困难时，可设置防火玻璃墙，高层建筑的防火玻璃墙的耐火完整性不应低于1.00h，单层或多层建筑时不应低于0.50h。

3）公安部消防局2018年4月10日关于印发《建筑高度大于250米民用建筑防火设计加强性技术要求（试行）》的通知规定，高度大于250m的幕墙建筑，实体墙高度不应小于1.5m，且楼板以上不小于0.6m，实体墙不能以防火玻璃墙替代。

4）住宅建筑外墙上相邻户开口之间的墙体宽度不应小于1.0m；小于1.0m时，应在开口之间设置突出外墙不小于0.6m的隔板。

5）同一幕墙玻璃板块，不宜跨越建筑物的两个防火分区。

6）外窗的耐火完整性不应低于防火玻璃墙的耐火完整性要求。实体墙、防火挑檐和隔板的耐火极限和燃烧性能，均不应低于相应耐火等级建筑外墙的要求。

（2）缝隙防火封堵措施

1）幕墙与每层楼板、隔墙处的缝隙应分别设置防火封堵。防火封堵材料的耐火性能、燃烧性能、理化性能应符合现行国家标准《防火封堵材料》GB 23864规定。

2）玻璃幕墙的防火封堵构造系统，在正常使用条件下，应具有伸缩变形能力、密封性和耐久性；在遇火状态下，应在规定的耐火时限内，不发生开裂或脱落，保持相对稳定性。

3）幕墙与每层结构外边梁之间的空腔区域，应在建筑缝隙上沿、下沿处分别采用防火岩棉填充密实，填塞高度≥200mm，防火岩棉容重不小于110kg/m³，在防火岩棉上面应覆盖具有弹性的防火密封漆，防火岩棉下面应设置厚度≥1.5mm的镀锌钢板支撑。幕墙与建筑实体墙的间隙或装饰性构造的空腔，应设置水平防火封堵。相邻防火封堵构造应连续封闭。

4）幕墙与主体建筑的封堵间距不宜大于200mm。防火封堵承托板宽度或高度大于250mm时，应通过增设角钢等刚性支承构件或紧固件提高防火封堵紧密性，支承构件应与主体结构牢固连接（图2.2-5）。

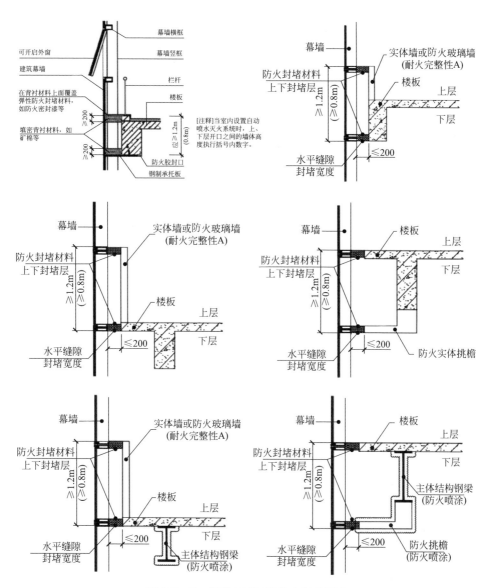

图 2.2-5　各类工况下的防火封堵示意

（3）消防救援窗口设置

供消防救援人员进入的窗口的净高度和净宽度均不应小于1.0m，下沿距室内地面不宜大于1.2m，间距不宜大于20m且每个防火分区不应少于2个，设置位置应与消防车登高操作场地相对应。窗口的玻璃应易于破碎，并应设置可在室外易于识别的明显标志（图2.2-6）。

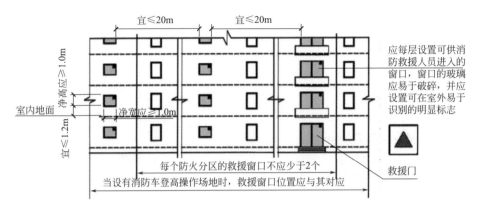

图 2.2-6 消防救援窗口设置示意

六、通风排烟设计要点

（1）通风设计

1）透光幕墙部位宜设置可开启窗或通风换气装置，并应满足建筑设计对室内空间的通风换气要求。当透光幕墙受条件限制无法设置可开启窗扇或者窗开启面积不满足要求时，应设置通风换气装置（图2.2-7）。

2）在外立面设计新风口或者布置空调时，应考虑设置足够面积的百叶窗或格栅用于通风和散热。其通风率应满足规范要求和功能需求，且需考虑人视点在各个角度的观感效果，不宜出现百叶遮挡失效的情况。

（2）排烟设计

1）消防排烟窗应符合现行国家标准《建筑设计防火规范》GB 50016规定。当采用外倒下悬窗时，其开启角度不宜小于70°，并应采用自动启闭装置，且与火灾自动报警系统联动。消防排烟窗不得当作幕墙通风换气窗使用。

2）根据现行国家标准《建筑防烟排烟系统技术标准》GB 51251规

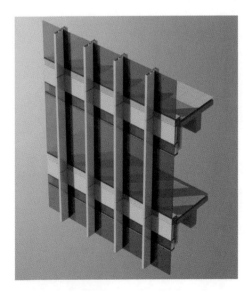

图 2.2-7 层间部位设有通风换气装置示意

定，自然排烟窗（口）开启的有效面积应符合规范要求（图2.2-8）。可开启外窗应方便直接开启，设置在高处不便于直接开启的可开启外窗应在距地面高度为1.3 ~ 1.5m的位置设置手动开启装置或自动开启设施。

3）避难间应至少有一侧外墙具有可开启外窗，其可开启有效面积应大于或等于该避难间地面面积的2%，并应大于或等于2.0m³。

4）前室采用自然通风方式时，独立前室、消防电梯前室可开启外窗或开口的面积不应小于2.0m²，共用前室、合用前室不应小于3.0m²。前室开窗的窗型设计常作为讨论事项。

图2.2-8　金属屋面的自然通风排烟示意

七、节能保温设计要点

1）幕墙、门窗选用的玻璃、型材、保温棉等材料的节能参数应符合建筑节能专篇的要求，且各朝向整体热工性能符合建筑节能要求。

2）玻璃幕墙、门窗系统的热工性能（传热系数，遮阳系数、可见光透射比等）及气密性等级应符合现行行业标准《公共建筑节能设计标准》GB 50189-2015的相关规定（图2.2-9）。

3）透光幕墙传热系数可按照现行行业标准《建筑门窗玻璃幕墙热工计算

规程》JGJ/T 151的规定计算。透光玻璃幕墙应作抗结露计算。抗结露计算应按照工程冬季计算条件下幕墙型材和玻璃内表面温度是否低于露点温度为判定依据。

4）非透明幕墙面板背后应设置保温构造层。非透光幕墙的传热系数按照其构造组成，由各材料层热阻相加的方法计算，并应考虑幕墙框架的冷热桥对传热系数的影响。幕墙的透光与非透光部位之间的保温构造应连续，幕墙保温棉体系避免出现冷热桥确保保温体系严密，保温岩棉容重不小于80kg/m³。保温材料应采取防水、隔汽措施。防水层应设置在保温材料的室外侧，隔汽层应设置在保温材料的室内侧。幕墙保温材料与面板或与主体结构外表面之间应有不小于50mm的空气层。

5）严格控制采光顶、天窗、透光出入口的面积比例。如当建筑底层大堂与入口门厅确需采用单层玻璃时，单层玻璃的面积不宜大于其所在朝向透光幕墙面积的15%，所在朝向透光幕墙的传热系数应符合热工设计要求。

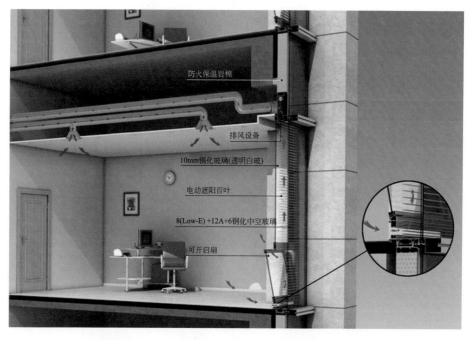

图2.2-9 双层幕墙、开启窗与新风系统的节能设计

八、防腐蚀设计要点

1）面板、防水层、支承构件、紧固件、连接件、密封件等相关材料应满足幕墙使用年限内的耐腐蚀要求。

2）建筑幕墙主、次骨架及连接件应进行防腐蚀性处理。例如铝合金的表面氟碳喷涂或粉末喷涂等，钢材表面热浸镀锌或常温氟碳喷涂等。

3）钢龙骨均应在加工完成后进行防腐处理，施工焊接部位、钢材断面及其他因工艺等出现未镀锌的部位均需现场刷防锈漆。

4）不同金属材料相接触部位，应设置绝缘衬垫或采取有效的防电化学腐蚀隔离措施。

九、防雷设计要点

1）立面（幕墙）的防雷设计应符合现行国家标准《建筑物防雷设计规范》GB 50057 和《民用建筑电气设计标准》GB 51348 的有关规定，幕墙建筑防雷设计由主体设计与幕墙设计共同完成，防雷系统中应有可供设置幕墙防雷接地埋件及防雷接地连接的部位。

2）须明确各类防雷建筑物的界定，根据建筑物高度分析防直击雷、防侧击雷的工况。

3）除第一类防雷建筑物外，采用金属框架支承的幕墙、金属幕墙的墙角或屋顶处、采光顶及金属屋面宜采用外露金属本体作为接闪器。其他建筑物金属体（内外侧的金属型材、室外装饰条、遮阳构件、金属栏杆等）应与主体结构的防雷体系可靠连接，连接部位应清除非导电保护层。

4）按第二类建筑接闪器及其网格尺寸要求，与主体建筑防雷系统可靠连接或独立防雷接地。一般来说，相邻幕墙立柱采用柔性铜导线连接，对应导电通路立柱的预埋件或固定件应采用圆钢或扁钢作为引下线与水平均压环焊接连通，每层布置一道水平均压环，每层幕墙龙骨与主体防雷引下线连通，从而使幕墙形成统一的防雷通路。

5）面积大于 100m^2 或高度超过 100m 的玻璃采光顶和高度大于 120m 的玻璃幕墙，宜对外露面板玻璃作模拟雷电冲击耐受性测试。

2.3 建筑外立面深化设计的专业交圈

　　幕墙、门窗设计是以建筑为龙头、结构为基础的专项，在实际工作中也会配合其他的专业设计和职能部门的需求进行交圈设计，例如精装专项、景观专项、机电专项，以及营销、商管、物业职能部门的条件输入等。专业交圈的工作事项，是非常需要项目负责人统筹协调的，也建议彼此之间都能打破专业或职能壁垒，向前多走一步的积极态度去解决问题。

一、精装专业交叉设计要点

　　1）与精装专业交叉多体现在结构梁上下收口、楼板上下收口、圈梁上下收口、吊顶下收口、踢脚上收口、结构立柱左右侧收口、分格墙左右侧收口、幕墙转角与建筑墙体收口等部位，也常见于阳台部位、架空层、门厅大堂等区域。

　　2）核实各隔墙与竖向龙骨的位置关系，建筑图平面设计时需先行确认此处室内装修的工况（毛坯、粉刷、墙纸、窗套等），确保预留收口空间和封修合理性，并反向核实平面分格对立面分格的影响。宜采用装修完成面对位型材立柱端部居中位处理，如分隔墙与型材立柱无法对位而采用转折构造处理时需考虑玻璃背衬面材观感。缝隙之间做好封修封堵工作并达到防火、隔声、防窥视的要求，不宜出现整块玻璃跨越两户的情况。

　　3）核实室内吊顶、窗帘盒和幕墙横向龙骨或玻璃之间的安装关系，室内装饰的收口宜与横向型材的尾端和上部产生装配关系，不应出现可透过玻璃看到其后方吊顶龙骨或设备管道的情况（图2.3-1）。

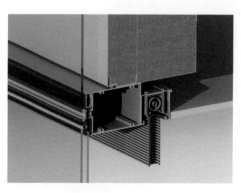

　　4）核实室内地面龙骨、楼板结构反坎、卫生间墙面防水层、阳台地面铺装及型材泄水口等部位对横向龙骨定位的影响，协调各完成面之间的高差尺寸与连接关系（图2.3-2）。

图 2.3-1 室内装修吊顶及窗帘盒与幕墙横梁的搭接示意

图2.3-2 室内泳池与幕墙下收口示意

5）阳台栏杆埋件、踢脚板和精装地板直接的搭接关系、注意搭接处的胶缝朝向。关注阳台顶棚面材与阳台外墙、阳台外梁板下口的交接关系。

6）入口大堂室内界面与外立面界面宜按玻璃内外进行区分，便于室内或室外的体系分别自行整体交圈。

7）为提高安全防护要求，室内与幕墙、门窗的玻璃交接处可考虑设置防磕碰及防撞措施构造。核实室内栏杆底部与精装踢脚的收口关系，以及室内栏杆两侧与墙体或型材立柱的安装关系。

8）架空层包柱是否与实墙面处理好收口关系，铝板角码不得外露，铝板轮廓不得占用楼梯间区域。架空层吊顶与门头檐口的收口妥善交接。

二、景观专业交叉设计要点

1）需复核外立面轮廓线与景观轮廓线的叠图关系，关注类似景观连廊、大型树冠与立面的碰撞，以及类似排水沟嵌入建筑立面轮廓线以内等工况（图2.3-3）。

图2.3-3 景观大树与幕墙的关系示意

2）建筑立面墙角处与覆土、水沟、铺装等景观要素的配合，复核首层地圈梁回填范围与幕墙安装的干涉关系。在室外地脚处需充分考虑室内外高差，门口区域排水找坡，近幕墙地面的排水地沟干涉关系。与种植池、水池、排水沟等交接的幕墙需要考虑防水构造及防潮处理（图2.3-4）。

图 2.3-4 水景、铺装与幕墙的关系示意

3）涉及地下室天窗、汽车坡道、人防口、自动扶梯、下沉广场等立面与景观交接处，以及景墙和立面之间的空间、入户走廊与门头雨篷的空间、观景平台与女儿墙的空间、外立面区域的种植空间等部位应明确工作界面，并确保两者交界处设计衔接到位。

三、机电专业交叉设计要点

1）核实各类管线及其需求孔洞，如空调管（孔）、排水下水管（孔）、燃气直排管（孔）、燃气入户管（孔）、卫生间排气管（孔）与立面的关系。立面分格的龙骨与管（孔）不产生干涉，且上述管（孔）如在立面上出现时须统一定位，特定颜色，美化观感。

2）核实立面系统、百叶格栅背后的通风口、雨水管、空调外机安装及拆换的合理空间。

3）核实灯具安装、走线、穿管等工况的节点合理性。核实玻璃或铝板上穿孔后密封的可靠性，不得出现漏水和渗水的隐患（图2.3-5）。

　　4）燃气管的走向、安装形式、关
联立面效果等细节需与燃气公司妥善
沟通后方可实施。一般来说幕墙不得
覆盖燃气管道。

　　5）走廊吊顶上方存在各类管道、
电气桥架、空调机的工况，需协调确
定吊顶标高、通风口位置、装饰线条
走向等设计要求。

　　6）根据建筑高度、形态和屋顶的
平面布置，合理选用擦窗机形式，充
分考虑擦窗机的各项参数、数量、定
位点或轨道布置及停机状态下的隐藏
设计等要素。并关注屋顶格栅的造型
方式，装饰件的截面尺寸、间距，观
感虚实比分析，视角分析，通风率分析等。

图 2.3-5　机电、景观、精装、幕墙的设
　　　　　　计融为一体

四、职能部门需求设计要点

　　1）店招、指示牌等较小部件可事先在立面系统上预留设计荷载和安装空
间，相关区域的立面系统设计时需考虑便于拆换。

　　2）橱窗、商业广告灯箱、LED屏、裸眼3D屏、大厦发光字、LOGO标识
等较大部件，需合理选择安装位置，宜与主体结构之间进行连接。上述部件的
走线方式、散热设备布置及维修空间等关联设计均须提前协商。

　　3）如有张拉宣传条幅、彩旗、装饰悬挂、大型吉祥物等工况，需要核实
其在立面系统上的受力是否满足。一般建议受力较大的部件需要穿过或避让立
面系统，与主体结构直接连接。还须考虑上述部件在扰动时对立面系统的影响
（图2.3-6）。

　　4）嵌于立面系统的广告牌、电子显示屏等部件与实体墙面间的缝隙，以
及穿过立面系统产生的孔洞或空隙，应采用防火封堵材料封堵。

　　5）上述交叉节点均须满足防火设计要求的同时，须保障立面系统的水密
性和气密性。核实预埋件、钢构、拉索等部件的结构设计安全。特殊部位的工
艺工法要求需做专家论证。

图 2.3-6 幕墙之间的张拉装饰物示意

2.4 外立面招标技术资料解析及关注要点

外立面（幕墙、门窗）招标图纸及技术文件，是招标前准备阶段的重要资料，也是经过前期方案设计以及深化设计后汇总得到的里程碑式成果。该成果是招标文件的技术组成部分，也是成本口编制招标清单的基础资料，其编制质量直接决定招标全程顺利与否。

一、立面招标文件组成

一般来讲，外立面招标图纸及技术文件的内容包括如下：

（1）招标图纸部分，包括但不限于：

1）建筑方案院提供的立面控制手册、方案图纸（包括立面图、平面图、墙身剖面图、局部详图）等。

2）建筑施工图设计院根据方案院深化的建筑设计说明（包括设计取值、性能参数、面板材质、立面类型等）、建筑图、结构图、建筑节能报告及计算书等。如有必要时，提供专业交圈对应的图纸，如机电图、精装图、景观图、泛光图等。

3）幕墙门窗专业顾问公司提供深化设计说明、立面分格图、平面分格图、大样剖面图、深化节点图、三维详图、参考结构计算书、热工计算书、性能测试方案等。

4）还会涉及的资料：报规方案文本、建筑效果图、SU模型、第三方认证要求等。

（2）招标技术要求文件或技术要求手册，包括但不限于：

1）项目概况、招标范围等。

2）材料工艺、系统解析、性能要求等。

3）重难点要求、回标要求等。

4）检测项目要求等。

二、标准文件编制建议

招标文件编制和招标过程中有如下几项需要特别关注：

1）平面、立面、剖面会从方案设计院过渡到建筑施工图设计院（有时方案院和建筑院是同一家），再传达到幕墙顾问公司，此过程中需要反复校核建筑轮廓线、结构边缘线、墙身进出线等，涉及方案、建筑、结构、幕墙等至少四方设计人员进行多方叠图。特别是外立面类型繁多，造型繁杂、材料选型纷繁的项目，从立面到大样再到墙身的索引关系非常复杂，为进一步辅助各方看图读图，建议专门编制"立面墙身图号索引图""读图指引和墙身节点速查表"等文件，一图一表对招标投标和指导施工均能够起到积极作用。例如，幕墙施工图与土建条件图审核、纠偏、反馈机制，要求投标单位填写对各处墙身和节点工况的核对表，该表即可参考"读图指引和墙身节点速查表"。

同时，为保障设计是全方位的，无死角的，考虑周全的，通过提供"专业交圈信息提资表"，合情合理地将设计部门内各个专业进行横向拉通，部门内部可通力配合。

2）随着地产项目精细化管理，图纸内容需要达到施工图深度，一方面图纸中的各个立面、墙身剖面和对应细部节点能够充分指导清单编制和成本核算，另一方面可以支持施工单位减少深化设计的工作量从而节约工期。同时，在招标答疑和澄清过程中会产生局部图纸反复，甚至因为材料价格上涨需要大面积设计优化后将成本控制到限额以内，所以招标图修订时有发生。鉴于上述情况，"幕墙系统和材料说明一览表""建筑设计还原度及施工合理性的审核表""图纸修订说明一览表"也都成为必不可少的管控工具,也是设计部门和成本采购部门良好协同关系的催化剂。

3)建筑院提供的建筑节能设计计算报告书中选材和性能参数须要和实际设计信息匹配,容易出现偏差的是保温棉厚度和容重、玻璃中空气体层配置和性能参数等。报规方案文本、建筑效果图、SU模型等信息也需要尽可能对应招标文件的内容,因此幕墙顾问介入建筑方案设计的时间节点尽可能早,可以减少后期不必要的变更事项。如此一来,可以融洽设计部门和前期报建部门的配合关系。

4)回标要求中,可按统一模板要求投标单位提供多向表皮及多项幕墙系统下,材料下单、采购供应,材料运输,摆放及成品保护措施等多项策略阐述。按各个系统和不同类型的工况,阐述玻璃、铝板等主要面材的平整度把控(含测量放线等)和色差控制策略,各项系统安装、更换、清洗和维护策略、各项专业交叉施工措施及策略等。通过此类技术管控手段,为项目管理部门奠定了坚实的开工基础。

三、招标阶段的几个常见问题

1)关于招标图设计深度与投标形式。基本每个项目的招标策划会里都会讨论:招标图纸的深度是做到扩初深化图深度,还是做到施工图深度;是采用幕墙顾问设计的图纸招标(后续由中标施工单位送审施工图),还是采用施工单位设计并送审盖章的图纸招标。一般来说,作为精细化管理的要求,招标图尽可能做到施工图深度,节点表达得越清晰,技术管理和成本管控的力度越强。同时,图纸里不应有技术壁垒或变更隐患,否则会导致投标单位无法顺利响应招标图纸或在施工期间不断产生麻烦。请第三方设计招标图纸依然是主流方式。当然,对于可复制类的项目,可在已竣工的施工图纸的基础上调整后进行招标,此举则相对靠谱。

2)关于过程中设计修改与成本优化。招标过程中可能会突发甲方的方案调整要求,或是投标单位提供了若干项合理化建议,又或者因为政策和规范调整出现了牵一发动全身的方案变化;再则,成本核算发现因材料价格上涨导致造价严重超出限额,此时建议暂停招标,因为不确定的设计越多,招标记录的内容越复杂,不可控的项目就越有风险。合适的做法是,谋定而后动。先落实甲方的合理要求,评估合理化建议的可采纳性,将超额部分大力优化至限额内，还要进一步解决政策和规范调整引起的问题，如果实在因为运营计划关门节点的影响，带着少量风险低的事项进行招标，在过程中快速消化掉也未尝不可。

3）关于设计底线被挑战与变通坚持。上一段提到的政策和规范变化在大多数情况下会因为条款趋严而导致成本增加或者项目推进偏离原定计划，又或者个别甲方按自身认知或单方面想法提出打破规范底线或无法实现的设计要求。此时，作为技术人员不应在权威压力和挑战下做出退让，可以引经据典、旁征博引、循循善诱、谆谆告诫，设计须要坚守职业底线，坚持以国家规范和地方政策的规定为准绳，不应抠规范的字眼或打政策的擦边球，技术上实在吃不准的情况须组织行业专家评审会议进行论证，在风险可控的情况下进行灵活变通，在风险不可控的情况下唯有坚持底线，特别在设计终身负责制的规定下，每位工程参与者都要对项目设计有着敬畏之心（图 2.4-1）。

图 2.4-1　武昌滨江商务区与武汉中央商务区实景图

2.5 武汉外滩中心项目复杂外立面技术管控解析

武汉BFC外滩中心位于长江与汉江交汇之地，是汉口内环滨江的汉正街中央服务区万方级的城市综合体，由复星地产倾力打造，该区段规划中拥有470m全球TOP连廊双子塔，两栋约270m的高奢行政公寓，在建的项目中包括超高层住宅、滨水高端商业建筑集群、长江之眼艺术中心等（图2.5-1）。

图2.5-1 武汉 BFC 外滩中心夜景效果图

其中，滨水高端商业建筑集群通过错落有致的街区商业布局，延续历史街区的肌理特征，容纳历史街巷的尺度和比例，参考、引申并重建了古代建筑，传承了传统砖瓦的陶土材料，并应用现代技术和建筑处理手法塑造出了丰富的外立面表皮特征（图2.5-2、图2.5-3）。街区里熙熙攘攘、琳琅满目的情景状态，延展着500年武汉九省通衢的商脉，从"汉正街的天下第一街"演变到以现代金融商贸于一体的中央服务区，如此建筑集群使得"汉口城市之根、武汉商业之源"更加高端化、时尚化、国际化（图2.5-4、图2.5-5）。

长江之眼艺术中心则代表两江汇聚的滔滔江水，以特有的UHPC建筑表皮

图 2.5-2　街区尺度和比例研究示意

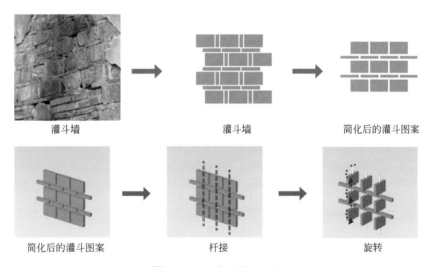

灌斗墙　　　　　　　　　　灌斗墙　　　　　　　简化后的灌斗图案

简化后的灌斗图案　　　　　　杆接　　　　　　　　旋转

图 2.5-3　表皮特征研究

图 2.5-4　街区尺度和比例研究、表皮特征研究后的立面大样效果图

图 2.5-5 商业街区鸟瞰效果图

勾勒出动感流线，经过建筑集群的"江城峡谷"（图 2.5-6），汇集成为盘踞于武汉文脉的"龙头"，龙头之上炫目大气的"龙眼"由超大平移门设计构成，标志着具有中心地位的武汉正独具慧眼地瞩目世界、走向全球（图 2.5-7）。

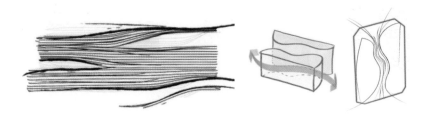

图 2.5-6 艺术中心立面概念设计示意

正如方案设计描述的一样，该项目街区体块设计融合了连接、叠加、穿插等手法，形体上应用了直线、斜面、弧线、双曲等设计，部分立面采用了双层表皮的表现形式，立面材料也极为丰富，亮点材料陶砖和 UHPC 也成为表皮主角。因此，项目管控中会出现多项棘手的问题需要解决。

问题一，对于存在多方向、多层次的建筑表皮，如何快速解析立面图纸，

图 2.5-7 长江之眼艺术中心效果图

如何精准定位大样节点？

　　复杂立面的商业街区项目的图纸，往往都是厚厚的一摞，因为需要解析的立面大样和节点非常之多，最直观的感受就是如要找一处节点，需要前前后后翻找图纸，纸质版尚可折页脚便于对应，而用 PDF 或者 CAD 查找时会极为费力，三五分钟内能够按节点找到对应的平立面、墙身剖面已经是属于很熟悉图纸了。毕竟，常规项目的立面图或者展开图无非就是东南西北的四个面，最多加上屋顶和吊顶的两个面，一共 6 个面。而街区还包括了外街、内街、连廊、下沉广场等，单看一个完整方向的内、外街的立面，都需要几张外立面连接起来表达，而这几张外立面又各自包含了多处局部大样墙型立面图，也就是说一个方向的立面图需要三个层级才能全面而清晰地表达出来。

　　因此，建立系统化的"读图指引表"是最为合理的解决方案。首先将每个立面层级进行剖析，立面图、大样图、局部放大墙型图这三个层级的图纸标号分别设定成一个体系，如立面图、大样图是2系编号，局部放大墙型图是3系编号。同时在效果图上，通过视角方向和剖切面的方式逐项标注图号的所处方位，是为"立面墙身图号索引图"（图2.5-8）。

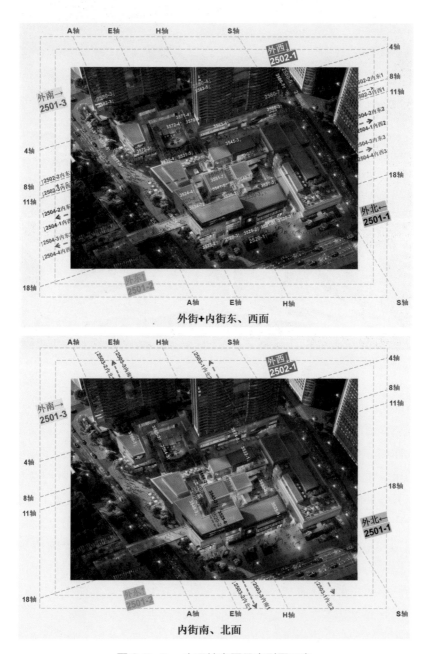

图 2.5-8　立面墙身图号索引图示意

接下来再配合一级整体平面图的 0 系编号、二级局部分区平面图的 1 系编号，并匹配每个 3 系的局部大样图中对应的 6 系图号的节点索引，与立面的三个层级进行组合，编制出完整的"读图指引和墙身节点速查表"（图 2.5-9），就可以很清晰直观且极具逻辑性地将每张图纸通过表格方式逐级索引。如果要找一个节点，可以通过快捷键急速查找，只需输入图号，相关联的一套平面定位、立面定位、墙型放大、节点设计就能轻松锁定。

观感位	立面	一级立面	一级平面	平面名称	分区	二级平面	二级放大立面	墙型图	主要节点图号		配套节点号
外街	东	2501-2	0401	首层平面	B1-D	1531		3520-3	A-6513.7;A-6540.1;A-6540.3	A-6540.2B;A-6540.15 A-6513.5;A-6540.15A; A-6540.2B;	6513.1; 6513.5;6513.7; 6540.1; 6540.1; 6540.2B;6540.3;6540.4;6540.15A;6540.17
					B1-D	1541		3520.1			
			0402	二层平面	B1-C	1532		3521-3	A-6513.7;A-6520.2; A-6540.1A;A-6510.4	A-6513.5;A-6520.3; A-6510.3A;A-6510.5	6500.20;6510.1;6510.2;6510.3;6510.4;6510.5;6513.1;6513.5;6513.7;6520.1;6520.2;6520.3;6520.5;6540.1A;6540.24
					B1-D	1542		3521.1			
			0403	三层平面	B1-C	1533	2520-1	3522-3	A-6513.7;A-6520.2;A-6540.3;A-6510.4; A-6540.2;A-6530.1;A-6530.3;	A-6513.8;A-6513.5;A-6541.3; A-6511.8;A-6510.3A;A-6510.1A;	6510.1;6510.2;6510.3;6510.4;6511.3;6511.4;6513.5;6513.7;6513.8;6520.2;6530.1;6530.2;6530.3;6530.6;6540.1A;6540.2;6540.3;6541.3
					B1-D	1543		3522.1	A-6513.7;A-6520.2;A-6540.3;	A-6513.8;A-6513.5;	6513.1;6513.5;6513.7;6513.8;6520.1;6520.3;6530.5;6530.14;6530.4;6530.7;6540.2;6540.3;6550.7;
			0404	四层平面	B1-C	1534		3523-2	A-6530.3;A-6540.2;A-6540.3;	A-6513.8;	6540.2;6540.3;6540.6;6513.8;6530.2;6530.3;
					B1-D	1544		3523.1			
			0405	五层平面	B1-C	1535		3525-2	A-6561.1;A-6561.2		6561.1;6561.2; 6561.3
					B1-D	1545					
			0401	首层平面	B1-D	1541	2520-3	3524-2		A-6560.1;A-6560.2	6560.1;6560.2;6560.3
					B2-C	1571	2570-4	3577-5	A-6535.6;A-6540.1; A-6540.2;A-6540.3	A-6535.7;	6540.3;6540.2;6540.1;6520.1A;6540.9;6540.11;6535.7;6535.6
							2570-4	3578-5	A-6540.1;A-6540.2;A-6541.1		6540.1A;6540.2;6541.1;6540.4;6540.10
							2580-2	3581-3			

图 2.5-9　"读图指引和墙身节点速查表"示意

问题二，对于多方参与的设计图纸，如何把控图纸还原度、匹配度和准确度？如产生偏差和冲突，如何处理？如何避免不必要的因图纸问题产生的索赔？

参与立面设计的人员一般包括：处于上游的建筑方案设计院的建筑方案设计师（简称方案）、处于中游的建筑施工图设计院的建筑图设计师（简称建筑）和建筑施工图设计院的结构图设计师（简称结构）以及处于下游的立面幕墙门窗顾问公司的设计师（简称幕墙）等。处于各自角色定位和设计习惯的不同，上游方案设计的局部内容有会让中游的施工图设计和下游幕墙设计无法实现，中游的施工图设计也会出现下游幕墙设计产生障碍。由此，甲方的技术管控人员通常需要将以上设计人员进行组会，反复验证并核对建筑轮廓线、建筑墙身轮廓线、结构边缘线、结构截面形式、幕墙门窗安装节点等内容的关联关系，每一处墙身、每一层节点都需要一一核实其还原度、匹配度和准确度。如一套图纸中需要表达的有 60 处墙身，按每处有 5 层楼板，每个楼板节点要核实 4 个专业的设计信息，就需要统筹1200项相关内容，其工作量可想而知。

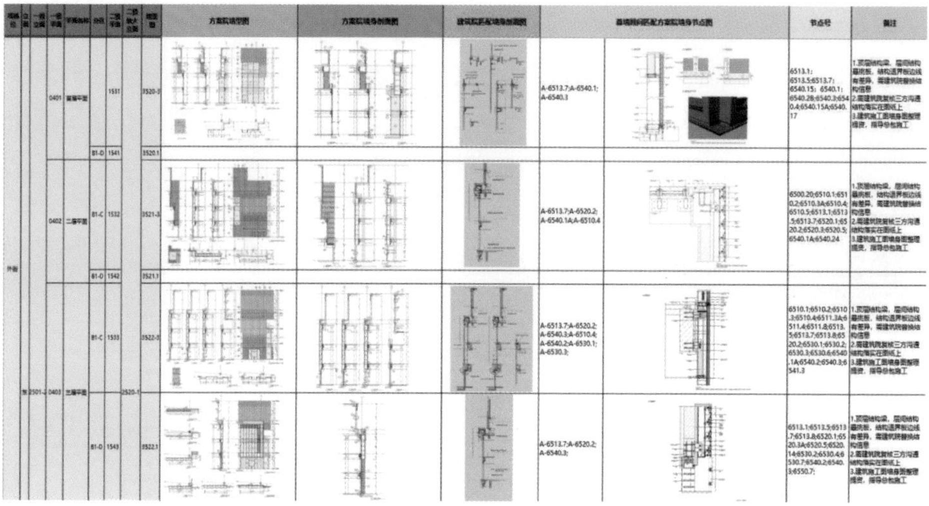

图 2.5-10　"墙身节点校对表"示意

在解决问题一的"读图指引表"的基础上，建立"墙身节点校对表"（图 2.5-10），将方案立面图、墙身图与建筑图、结构图、大样节点图进行校对，进行四方全面解析确认，图纸匹配的做落定处理，图纸不匹配的须进一步协同设计直至落定。同时，"读图指引表"和"墙身节点速查表"在招标过程中可发给投标单位进行签字确认，发现不匹配的部位须第一时间提出，不得在定标后以任何图纸对应问题进行设计变更或签证索赔。

问题三，如何帮助非设计人员（如成本、采购、工程、物业、商管各职能人员）理顺多种复杂幕墙系统，并使得提资的招标技术文件能匹配各职能的工作习惯和理解思路？如何处理系统内的组合关系，与专业间交圈的界面关系？

编制招标文件时配合最密切的就是设计口和成本口（含采购），成本口需要输出的工作成果之一就是工程量清单，而清单描述的内容也正是设计口在图纸和技术文件中提到的要点。不论图纸质量如何，这些要点都相对零散，特别是各家招标图纸和技术要求编制的方式不同，导致非设计口的人员在读图和理解中会存在各种困惑和疑问，并汇总成答疑文件提资返给设计，这样反复沟通和求证的过程会非常繁琐，而且会浪费双方时间。

所以设计口在首次提资时，直接编制清单式的"幕墙系统和材料说明一览表"（图 2.5-11），将成本口关注的系统类型、系统描述、对应节点图号、主要

系统类型	类型名称	幕墙及描述	系统节点	材料	使用部位	系统配置	技术要求	备注	系统对应典型节点
玻璃幕墙系统	横隐竖明标准玻璃幕墙系统	用于外露的大面玻璃幕墙，横向分格2400mm	5111 5112 5113 5114	玻璃	透明部位	15TP（双银Low-E）+16A+15TP 中空双银Low-E 钢化双超白玻璃，均质处理	符合国家规范及本工程技术要求	WT-4	横剖：6540.4；竖剖：6540.2；阳角：6540.17；阴角：6540.24；斜角：6540.6
					栏板部位	10TP+1.52PVB+10TP全超白钢化夹胶玻璃，均质处理			
				铝型材	室外可视部分	表面处理：氟碳喷涂	氟碳三涂二烤 满足AAMA 2605标准，质保年限20年 材质6063		
					室内可视部分	表面处理：粉末喷涂	粉末喷涂 满足AAMA 2604标准，质保年限15年 材质6063		
					不可视部分	表面处理：阳极氧化	AA15级		
				铝单板	室内层间部分	2mm铝单板\粉末喷涂	满足AAMA 2604标准，质保年限15年 材质3003H14/24		
	双层幕墙系统（含中层横明竖明玻璃幕墙系统）	用于双层幕墙的内层幕墙，横向分格1200mm	5121 5122 5123 5124 5125 5126	玻璃	透明部位	10TP（双银Low-E）+16A+10TP 中空双银Low-E 钢化双超白玻璃，均质处理	符合国家规范及本工程技术要求	WT-2	横剖：6520.1；竖剖：6520.2；阳角：6540.21；斜角：6540.11
					层间部位	6TP（双银Low-E）+16A+6TP 中空双银Low-E 钢化双超白玻璃，均质处理			
					栏板部位	10TP+1.52PVB+10TP全超白钢化夹胶玻璃，均质处理			
				铝型材	室外可视部分	表面处理：氟碳喷涂	氟碳三涂二烤 满足AAMA 2605标准，质保年限20年 材质6063		
					室内可视部分	表面处理：粉末喷涂	粉末喷涂 满足AAMA 2604标准，质保年限15年 材质6063		
					不可视部分	表面处理：阳极氧化	AA15级		
				钢型材	不可视部分	表面处理：热浸镀锌	符合国家规范及本工程技术要求		
				铝单板	室外层间部分	2.5mm铝单板\氟碳喷涂	三涂二烤 满足AAMA 2605标准，质保年限20年 材质3003H14/24		
					室内层间部分	2mm铝单板\粉末喷涂	满足AAMA 2604标准，质保年限15年 材质3003H14/24		
	玻璃幕墙系统（LED下方玻璃幕墙）	横向分格2400，（上下入槽式）	5131 5132	玻璃	透明部位	12TP（双银Low-E）+16A+12TP 中空双银Low-E 钢化双超白玻璃，均质处理	符合国家规范及本工程技术要求		竖剖：6535.4/6535.5
					栏板部位	10TP+1.52PVB+10TP全超白钢化夹胶玻璃，均质处理			
				不锈钢板	上下U槽	10mm厚	符合国家规范及本工程技术要求		
	玻璃幕墙系统（[illegible]）	用于[illegible]位置处	5141 5142 5143	玻璃	透明部位	12TP（双银Low-E）+12A+12TP 中空双银Low-E 钢化双超白玻璃，均质处理	符合国家规范及本工程技术要求		横剖：6541.3；竖剖：6541.4/6541.7
				铝型材	室外可视部分	表面处理：氟碳喷涂	氟碳三涂二烤 满足AAMA 2605标准，质保年限20年 材质6063		
					室内可视部分	表面处理：粉末喷涂	粉末喷涂 满足AAMA 2604标准，质保年限15年 材质6063		
					不可视部分	表面处理：阳极氧化	AA15级		
	防火玻璃幕墙	下沉广场	5151 5152 5153	玻璃	幕墙立面	15TP（双银Low-E）+16A+15TP 中空双银Low-E 钢化双超白玻璃，内片1h耐火极限防火玻璃（C类），均质处理	符合国家规范及本工程技术要求		6500.9/6500.9A/6500.10/6500.11/6500.11A
				铝型材	室外可视部分	表面处理：氟碳喷涂	氟碳三涂二烤 满足AAMA 2605标准，质保年限20年 材质6063		
					室内可视部分	表面处理：粉末喷涂	粉末喷涂 满足AAMA 2604标准，质保年限15年 材质6063		
					不可视部分	表面处理：阳极氧化	AA15级		
				钢型材	幕墙支座	表面处理：热浸镀锌	符合国家规范及本工程技术要求		

图 2.5-11　幕墙系统和材料说明一览表

材料项目、使用部位、系统配置、技术要求等内容，详实地提供到位。不仅自己可以系统地先检查图纸和说明，还能让各方一目了然地知晓系统信息。当然招标过程中不可避免出现调整，可以辅助“图纸修订说明一览表”进行招标，可以减轻在定标后的限定该项目设计变更和现场签证的指标压力。

另外，设计口内部的专业之间、设计口与工程口、商管口、物业口的职能部门之间，对专业界面的划分和处理关系较为关注，故可编制“专业交圈信息提资表”供多方协调（图2.5-12）。

配合专业	交圈事项	提资版本及配图
建筑	建筑防火	
	消防救援窗	
	住宅与商业，售楼部与商业交接	
	屋顶女儿墙防、排水与幕墙关系	
	玻璃护栏与走廊表面交接	
	防火分区与幕墙分格关系	
	伸缩缝	
	古建筑配合	
	……	
结构	结构复核	
	放线策略	
	埋件施工	
	施工电梯预留，材料堆场和运输	
	步行梯	
	……	
泛光照明	玻璃幕墙灯光节点	
	格栅灯光节点	
	花坛铝板凹槽灯光节点	
	下沉广场楼梯、栏板扶手灯光节点	
	砖帘内铝板吊顶灯光节点	
	砖帘内下方铝板灯光节点	
	……	

配合专业	交圈事项	提资版本及配图
机电	通风百叶，通风管收口	
	各类管道走线与幕墙的干涉情况	
	雨水管、屋顶排水口	
	燃气管	
	扶梯与土建楼梯交接	
	……	
精装	室内吊顶	
	室内踢脚	
	分割墙体	
	……	
	精装对外立面需求提资	
园林	园林平面布局	
	各类铺装形式做法示意	
	各类水景及水沟交接	
	外挂花池节点确认	
	下沉广场楼梯踏步	
	……	
其他相关	广告位，店招	
	售楼部电梯幕墙	
	蜘蛛人挂点	
	商业彩条挂接	
	……	

图 2.5-12　“专业交圈信息提资表”示意

例如该项目中，与建筑专业配合物业、商管就要涉及住宅与商业交接、售楼部与商业交接、连廊与伸缩缝交接、古建筑配合、广告位及店招、蜘蛛人挂点等；与结构专业配合工程口要考虑埋件与结构复核纠偏、工程放线策略、施工电梯预留，材料堆场和运输等；与机电专业配合物业口就要关注扶梯垂梯、泛光照明、各类管道走线及出口等；与园林和精装配合亦是专业交圈的老搭档们了。只要把交圈的内容讲得清、理得顺，项目管理就不会出现漏项或者界面模糊的区域了。

问题四，复杂立面配置多种材料，各种材料又采用多种质感和色彩，可参与厂家较多，材料甄选工作如何顺利并高效地开展？

管理材料送样是项目管理中最耗心神的工作，不仅设计口自身要协调成本部、采购部，还需请多家厂家充分理解建筑师设计意图和技术要求，还需要工程部敦促施工单位制作实体样板。

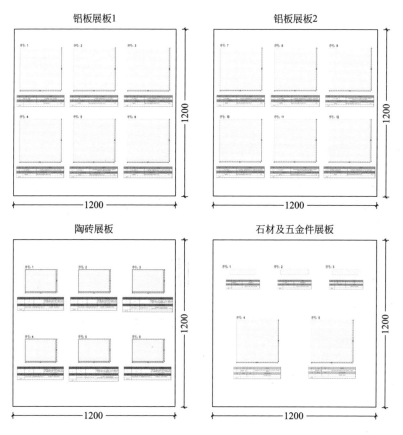

图 2.5-13 统一展板形式示意

其实作为设计口，依然可以参考问题三的解决方式，设置统一的展板形式（图2.5-13），每套展板大小如何，每个样板尺寸如何，技术要求如何，摆放位置如何等，都需要详细阐述，不产生疑问或模糊项，这样就便于各方的对选和审核。同时在过程中反复比选和纠偏，实时统筹各家供应商按照统一要求送样，不按要求制作则不予接受。而对于实体样板的管控内容将在本书第5章"建筑外立面样板先行管控模式"中详细介绍。

问题五，因在设计周期内材料价格快速上涨，导致招标图成本核算超出原有设计限额，大幅度设计优化如何处理？

这又是设计口和成本口密切配合的阶段，首先进行各个系统专项的量价核对，根据面积和造价的占比关系，全面梳理可优化项，并形成表格汇总（图2.5-14）。需要注意的是，优化过程中须与方案公司妥善协商，在保证效果底线的工况下优化设计，达成降本的成果。

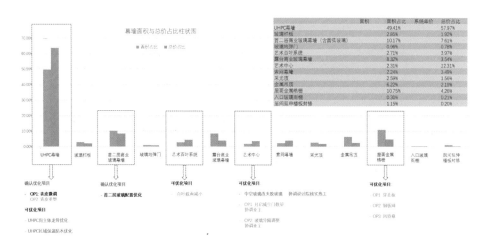

图 2.5-14　量价核对及优化梳理表示意

以UHPC模具数量优化为例，通过BIM将项目表皮进行划分，按同层板块竖剖截面样式、平面曲率半径进行归纳。然后考虑转换区板块的几何工况，能否通过重塑表皮的策略进行优化（图2.5-15）。绿色区域，为可简化区域，将平面线条合并同类项成同半径圆弧即可共用模具；红色区域，为不可简化区域，因立面上造型在发生渐变的变化，即使在平面上合并同类项同半径圆弧也不可共用模具；橙色区域，为需微调后优化区域，通过微调结构边缘线及建筑轮廓线，可以在平面和立面上合并同类项达到共用模具的目标。优化前模具种量为1103个，模具面积为16545m²，如按微调后的优化设计，优化后的模具种量为693个，模具面积为10395m²（图2.5-16）。

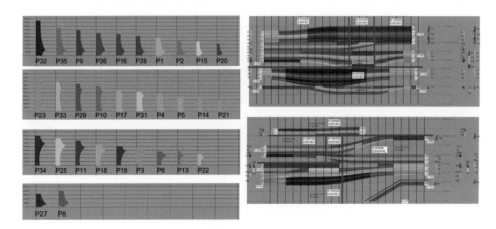

图2.5-15 应用BIM技术将建筑表皮进行细分

图2.5-16 UHPC模具数量优化分区解析

另外，对于异形幕墙的设计和材料选择也需要实体样板来验证和对比，经过设计和施工的反复研究及探讨，艺术中心UHPC样板段呈现的效果较为令人满意（图2.5-17）。

诚然，每个项目都有独特的建筑特征和对应的管控要点，需要解决的问题也多种多样，只有采用成体系、成系统的管理办法，能让大家的工作事半功倍，且彼此之间配合愉快和到位。至此，招标文件编制阶段基本告一段落，下一章我们将全面解析立面管控技术要点，并用样板管控实操来小试牛刀。

图 2.5-17　UHPC 实体样板段

第 **3** 章　建筑外立面设计技术要点

　　国内幕墙技术经历了数十年的发展，每次技术革新和风格转换，无论是采用怎样的外观造型、立面体系、材料工艺，人们对安全可靠、舒适美观、性能实用的核心需求是在不断提升的。从建设项目的角度出发，严控立面观感效果要点关乎项目展示形象，严控立面设计的技术要点关乎项目品质安全，严控立面防水排水技术要点关乎项目正常运营（图3.0-1）。

　　本章节讲述的内容依然是基于规范，又用于实践，以下将按照不同幕墙类型中使用频率较高或容易被忽略的重难点工况进行阐释。

图 3.0-1　武汉中央商务区实景图

3.1　立面幕墙设计技术要点

一、玻璃幕墙类

（1）玻璃材料的观感控制要点包括但不限于：

1）面材检查类。材料进场前需要核实尺寸与偏差，如长、宽、厚、孔径、弯曲度等。检查玻璃是否有爆边、划伤、夹印，波筋、气泡、污染等。建筑幕墙用钢化玻璃必须经机械磨边处理，其倒棱的棱宽不应小于1mm，不应有裂痕和缺角。特别关注钢化玻璃是否会出现应力斑。用于幕墙和门窗的玻璃质量等级不低于一等品。

2）Low-E玻璃类。以双银Low-E玻璃为例，膜的色系有无色透明、银色、浅灰色、浅蓝灰色、蓝灰色、浅蓝色等类别。不同膜系对应的参数值不同，且参数所在区间范围也较为明确，与膜系关联的参数有可见光透过率、室外反射率、室内反射率、K值和SC值，业主和建筑师为观感效果和热工性能选取玻璃膜系和参数的时候不可顾此失彼（表3.1-1）。在对玻璃颜色非常敏感的项目可以通过Lab色彩模型来评判。

Low-E镀膜玻璃选型主要技术参数　　　　表3.1-1

膜系	反射色	可见光			K值	SC值
		透过率	室外反射率	室内反射率		

为减少玻璃幕墙的光反射，宜选择可见光反射比不大于0.16的幕墙玻璃。建筑立面玻璃反射光范围内无敏感建筑受反射光影响时，可选择可见光反射比不大于0.20的幕墙玻璃。

3）夹胶玻璃类。PVB夹胶片有透明、乳白、灰、蓝、绿、粉红等颜色，外露边缘应封边处理，否则易受潮开胶，长时间使用容易出现发黄现象。SGP夹胶片无色，较高的透明度，可外露。夹层玻璃根据玻璃状态匹配胶层厚度，需控制叠差、对角线偏差，不允许出现脱胶、裂纹、胶合层气泡、杂质等问题。

4）加工施工类。回避影像畸变，其畸变原因有玻璃本身的弯曲度较大、中空玻璃合片时产生凹凸状、搬运安装过程受力不当导致变形、玻璃压块布置不妥导致局部受压畸变等。

5）特定材料类。U形玻璃、数码彩色打印玻璃、丝网印彩釉玻璃等满足观感的还原程度好，颜色保真度高，或繁或简的设计图案，经过加工，视觉丰富、层次鲜明，具有独特的质感。另外，传统密封胶多为黑色，随着全玻、点玻幕墙的大量使用，为使系统的通透性更加完整，可采用透明（白色）密封胶。

6）中空玻璃厚度不同，会导致玻璃颜色视觉上的差异。建议在同一项目的同一立面或区域，采用同规格厚度，保证外立面效果的品质。

7）隐框玻璃设计时，要避免玻璃副框直接室内侧外露，建议采用立柱和横梁的飞边遮挡设计，同时对安装限位起到一定助力（图3.1-1）。

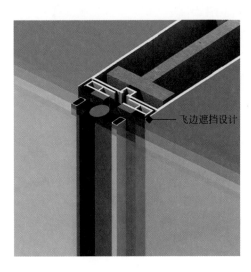

飞边遮挡设计

图 3.1-1　隐框幕墙玻璃副框的飞边遮挡示意

8）明框幕墙中的铝合金装饰线条，在设计时提前考虑施工误差，采用横向扣板线条内退1～3mm的设计构造，避免铝合金线条断面外露的情况。横向铝合金装饰线条在设计时"滴水"设计构造，避免雨水沿玻璃表面流淌污染表面（图3.1-2）。

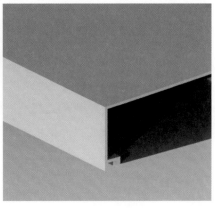

图 3.1-2　明框横向扣板线条内退、横向装饰线条前端滴水示意

9）隐框或全玻幕墙中的转角位置，会有大小片玻璃合片或夹胶的情况，需关注此处胶条、结构胶、耐候胶宽度的观感效果。

10）关注密封胶起鼓或凹陷现象，泡沫棒破损或者在某些位置被截断，基材附件有杂物或局部温度过高膨胀，接口处潮湿未干就直接注胶等原因都会对胶条效果产生不利影响。

（2）玻璃幕墙系统设计技术要点包括但不限于：

1）幕墙结构可按弹性方法计算，计算模型应按构件连接的实际情况确定，计算假定应与结构的实际工作性能相一致，选取合理的受力模型。幕墙结构应根据传力途径对幕墙面板、支承结构、连接件与锚固件等依次设计和验算，确保幕墙的安全适用。

2）立柱宜采用上端悬挂方式。如主体结构的墙或梁具有承受支承力和支座构造布置条件时，可采用层内长短双跨连续梁式，长短跨比不宜大于10。立柱下端支承时，应作压弯构件设计，对受弯平面内和平面外作受压稳定验算。

3）幕墙结构设计应涵盖最不利构件和节点在最不利工况条件下极限状态的验算。建筑物转角部位、平面或立面突变部位的构件和连接应作专项验算。例如，转角部位的幕墙结构应考虑不同方向的风荷载组合，并分解至构件主轴上按构件强弱轴分别验算。

4）幕墙与主体钢结构连接，应在主体钢结构加工前提出连接的设计要求，并在加工时完成连接构造；未经主体结构设计同意，现场不得在钢结构柱及主梁上焊接各类转接件。幕墙钢结构与主体结构的连接节点应能吸收主体结构变形对幕墙体系的不利影响，或采用具有释放温度应力、变形能力的连接形式。

幕墙结构的连接节点应有可靠的防松、防脱和防滑措施。应按计算模型验算横梁和立柱的连接，包括连接件及其与立柱之间所用螺钉、螺栓的抗剪、型材挤压、连接件扭转受剪等。幕墙立柱和横梁之间的连接处应设置柔性垫片。幕墙中有不同的金属材料接触时，应设置绝缘垫片防止点化腐蚀（图3.1-3）。

5）幕墙玻璃面板按下列要求使用：单片玻璃及中空玻璃的任一单片厚度不应小于6mm，夹层玻璃的单片玻璃厚度不应小于5mm，夹层玻璃及中空玻璃的各单片玻璃厚度差不应大于3mm。除建筑物底层大堂和离地高度10m以下的橱窗类玻璃外，玻璃面板（夹层玻璃、钢化玻璃）不宜大于4.5m^2，夹层玻璃不应大于9m^2，半钢化玻璃不应大于2.5m^2，钢化玻璃应有防自爆后坠落的措施、半钢化玻璃应有防碎裂后坠落的措施。玻璃面板的设计应满足承载能力和

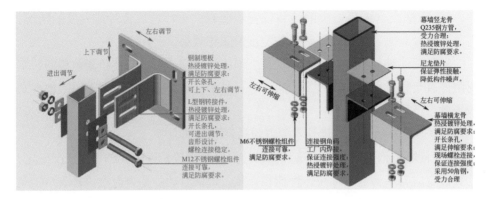

图 3.1-3 框架幕墙结构与主体结构连接、幕墙横梁与幕墙立柱连接示意

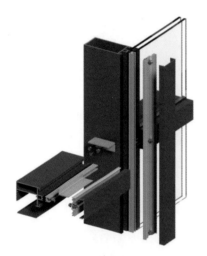

图 3.1-4 明框玻璃幕墙节点分解示意

正常使用极限状态强度和刚度的要求。

6）明框玻璃面板应嵌装在镶有弹性胶条的立柱、横梁的槽口内或采用压板方式固定。胶条宜选用三元乙丙橡胶，胶条弹性应满足面板安装的压缩量。玻璃面板与型材槽口的配合尺寸应符合规定。最小配合尺寸应满足玻璃面板温度变化和幕墙平面内变形量。玻璃面板与槽口之间应可靠密封。明框玻璃面板应通过定位承托胶垫将玻璃重量传递给支承构件（图3.1-4）。

7）隐框玻璃幕墙通过严格计算确定硅酮结构密封胶的粘结厚度，并区分单组分、双组分中性硅酮结构密封胶的应用工况。同一工程中使用不同批次的硅酮建筑结构密封胶，每批次均应分别进行相容性试验、粘结剥离性试验。

隐框或横隐半隐框玻璃幕墙（图3.1-5），每块玻璃的下端应设置不少于两个铝合金或不锈钢承托条，托条与幕墙支承构件应采用机械连接。托条截面经计算确定，能承受该分格面板的重力荷载设计值。托条应同时承托多层玻璃中的各片玻璃，必要时可加长承托件和垫块。安装方式可采用副框设计、T形件设计（即中空玻璃槽口内设置压板固定），除结构计算外，宜采用相应的防护构造设计确保系统安全。

8）全玻幕墙中，PVB夹层玻璃的等效厚度不应大于两片玻璃厚度之和，

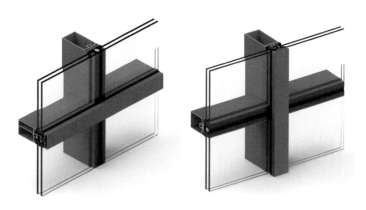

图 3.1-5 横明竖隐的框架幕墙、横隐竖明的框架幕墙示意

当胶片为SGP 材质时，内外层玻璃厚度的等效厚度不宜大于两片玻璃厚度之和，夹层玻璃肋的等效截面厚度可取各单片玻璃厚度之和。校核面板玻璃用大面强度设计值，校核玻璃局部强度和连接强度用侧面强度设计值；实际使用的玻璃强度标准值达不到时，应按实际调整。下槽材料应采用不锈钢或铝合金，不应采用碳素结构钢，以防锈蚀使密封胶连接失效。吊挂式全玻璃幕墙的转角部位宜设置辅助支承构件。

9）点支式玻璃面板及其孔洞边缘均应倒棱和磨边，倒棱宽度不宜小于1mm，磨边应细磨；玻璃切角、钻孔、磨边应在钢化前进行；中空玻璃开孔处应采取多道密封措施。玻璃面板或玻璃肋上开孔时，孔边至玻璃边距离不应小于玻璃总厚度的3.0倍和孔径的2.0倍，且不小于70mm；相邻两孔的孔边距不应小于玻璃总厚度的4.0倍，且不小于孔径的3.0倍，孔中心距不宜大于孔径的8倍。玻璃肋点支式全玻璃幕墙的玻璃肋，除验算玻璃的内力的挠度外，还须进行玻璃肋连接验算，即验算螺栓受剪和玻璃孔壁抗承压承载能力及孔边局部强度验算，验算玻璃时应取侧面强度设计值（图3.1-6）。

10）构件式幕墙外挑构件或装饰部件的外挑尺寸，至幕墙面板距离大于等于200mm 时，应考虑对幕墙整体构架的影响。宜采用连接件、转接件与幕墙支承构件紧固连接，不得采用自攻螺钉连接，必要时应采用螺栓连接。

图 3.1-6 玻璃肋点支式全玻璃幕墙节点示意

11）与水平面夹角小于75°的建筑幕墙还应

考虑雪荷载、活荷载和积灰荷载。斜幕墙不宜设置开启窗，确需设置时，内倾斜幕墙开启窗的下边框应有导排水措施，外倾斜幕墙开启窗的窗扇应有安全限位和防坠落构造措施。

12）无框玻璃门宜采用单片钢化玻璃，玻璃厚度不应小于12mm，且不大于19mm。无框玻璃门应设置明显安全警示标识。建筑出入口外门应按建筑设计要求采取保温隔热节能措施，寒冷地区建筑面向冬季主导风向的外门应设置门斗或双层外门，其他外门宜设门斗或应采取其他减少冷风渗透的措施。

13）其他需关注事项：上悬窗采用悬挂式连接时，应有可靠的防脱落措施。幕墙立面外挑的装饰部件和遮阳部件不宜采用玻璃材质。主体结构的伸缩缝、抗震缝、沉降缝等部位的幕墙设计应保证外墙面的美观性、功能性和完整性。原则上宜采用可拆卸面板设计，玻璃面板应能单独更换，玻璃面板应有足够的刚度，满足在最不利工况拆卸、更换时的要求。玻璃面板损坏或更换所引起的受力工况变化，不应导致支承结构受损。

（3）玻璃幕墙防水排水设计技术要点包括但不限于：

1）幕墙设计宜编制防水排水专项说明和构造图，明确加工及安装要求。不同构造体系相间的组合幕墙水密性测试，应涵盖各交接界面的防水排水构造。幕墙防水构造比较复杂，特别是面积大、凹凸和转折面多、多种面材及不同系统组合交界处、多饰面拼接造型、幕墙系统不同支承结构的层间交错过渡面、单元幕墙防水排水构造及十字交缝处、结构变形缝位置等重要和复杂构造，幕墙设计要绘制详细防水排水构造图和排水路径示意图，且加专项说明并提交加工及安装指导书。

2）核实渗漏三要素（缝、水、作用）中"作用"的表现形式：重力、动能、毛细作用、表面张力、气流、压力差，对立面系统和型材断面进行合理设计。幕墙构架的立柱与横梁的截面形式宜按等压原理设计。幕墙板块应妥善设计通气孔、排水孔，并有导向排水构造设计，防止板面上的雨水渗入保温层，并能自然疏导可能形成的冷凝水。

3）防水密封胶应在允许变位范围内使用，其宽度和厚度应满足设计要求。密封胶应作粘结性和相容性试验。室外用密封胶应为中性耐候硅酮胶。不应将结构密封胶作为防水密封胶用于防水界面。防水密封胶缝处内侧泡沫棒填充位置应满足密封胶的有效深度。注胶应饱满，不得出现气泡，表面应平整光滑。

防水密封胶条宜采用三元乙丙橡胶或硅橡胶制品。防水胶条安装时应施加预压力，压紧状态应在胶条受压能力允许范围内。

4）需特别注意避免埋件影响防水卷材的收口，不应产生渗漏隐患，例如屋面层、地下室顶板的埋件。在主体结构变形缝相对应的部位，幕墙构架应断开，装饰面板构造尺寸要满足主体结构的变形要求，并能遮挡雨水进入，幕墙内层需要设置能满足两侧结构变形的防水层。

5）明框幕墙面板压板应连续，压板不得单边悬空，不得分段设置（图3.1-7）。压板胶条外注密封胶时，密封胶应与胶条相容。采用压板内胶条密封时，应在面板周边与型材槽口侧边缝隙内注胶密封或设置引排水构造。横向压板及装饰盖板内外泄水孔应交错设置。盖板悬挑大于100mm时，宜设排水坡度和滴水线，盖板衔接处应有效密封。

6）半隐框幕墙的明框面板边缘与型材槽口侧边的缝隙应注密封胶，并与隐框面板边缘密封胶连续相接。

7）建议采用横框端部加工工法，虽然会增加下料长度和增大加工难度，但是型材断面能够形成完好的打胶支撑面，玻璃四周胶缝可连续贯通，避免渗水和漏水的隐患（图3.1-8）。

图 3.1-7　明框玻璃幕墙压板应连续示意

8）全玻面板采用槽口固定收边时，各边缝隙应满足有效注胶要求。面板相交收边时，胶缝宽度由计算确定且不应小于12mm。

9）点支承玻璃面板的孔隙应加防渗垫片密封。面板为中空玻璃时，孔周边应多道密封。夹板式点支承装置与面板的间隙应有效密封。点支承玻璃幕墙开启窗防水密封不得少于两道。

10）窗构造宜采用扇框叠压方式，胶条固定应牢固，转角部位宜连续折弯无断缝。开启扇顶部可设置压缩型挡水密封胶条或披水板，扇周边

图 3.1-8　横框端部加工工法示意

可设置挡水胶条。胶条应压合严密，压合界面重叠量不应小于6mm。平推窗扇胶条与框的有效搭接量不应小于7mm。锁点间距不宜大于400mm，锁点安装处胶条应能承压。

11）窗框与幕墙构架宜搭接装配，间隙用密封胶密封，应内外双道连续密封，并采用螺钉带胶紧固。窗框下槛型材内外高差不宜小于50mm。窗框、窗扇宜采用组角工艺制作，工艺孔应配置堵帽带胶密封。开启窗边框与幕墙横竖框间的连接应密封处理。内外排水孔可按50mm间距错位布置。

二、金属幕墙类

（1）金属板材料的观感控制要点包括但不限于：

1）铝单板表面平滑、均匀、色泽基本一致，不允许有裂纹、腐蚀，看面不允许有花纹、气泡、流痕、划伤等；边部切齐、无毛刺、裂边、分层；核实尺寸偏差，如厚度、长度、宽度、对角线长度、不平度等。铝板加工图中应明确标注喷涂方向，并尽可能在同一批次大面积下单，减少色差的情况。现场堆放、搬和运安装务必注意成品保护。

2）单层铝合金饰面板厚度不应小于2.5mm，面板为保证平整度，可根据受力工况设置加劲肋，及其方向和间距。铝合金型材加劲肋壁厚不应小于2.5mm，且不小于面板厚度。加劲肋应与面板可靠连接，并有防腐蚀措施。采用种植螺钉和硅酮结构胶相结合的连接构造形式，确保其可靠性和安全性。加劲肋与金属面板边缘折边处，以及加劲肋纵横交叉处应采用角码连接，连接件可分别采用螺钉、铆钉等紧固件可靠连接，并应满足刚度和传力要求（图3.1-9）。加劲肋未能进行有效连接的面板均无法保证平整度。

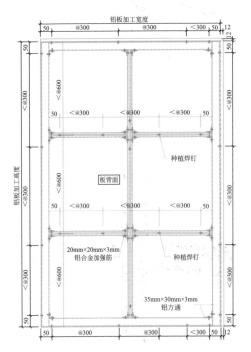

图3.1-9 铝单板加劲肋做法示意

3）为避免面板受力变形，金属

面板可采用两侧挂钩连接方式固定于支承框架，以释放安装应力（图3.1-10）。直接采用金属面板折边设置挂钩槽口的面板厚度不应小于3mm，其折边宽度不宜小于25mm，有效挂接深度不应小于10mm，挂槽与挂轴之间的配合应能有效吸收温度作用及加工、安装偏差，并应设置防松动、防噪声、防脱落的构造措施。挂钩连接不应用于挑檐、压顶、出屋面女儿墙及外挑构件等风荷载敏感部位。

图3.1-10 挂钩式铝板安装系统示意

4）穿孔铝板可以考虑采用"一字形"加劲肋，加劲肋与板面点焊连接，不影响板面的外视效果。"一字形"加劲肋布置间距需要加密，不超过300mm为宜（图3.1-11）。

5）复合面板芯层不应外露，宜采用金属镶嵌边框、面层材料折边或采用硅酮密封胶等方式封闭。

6）避免打胶施工时的污染、避免清洗时的污水的泪痕污染或是化学制剂的腐蚀污染。在保护有效期前撕

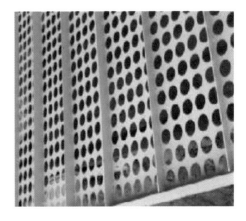

图3.1-11 穿孔铝板"一字形"加劲肋示意

除保护膜，避免长时间日晒后保护膜污染金属板表面。撕除保护膜后务必做好成品保护。

（2）金属幕墙系统设计技术要点包括但不限于：

1）金属面板的荷载分布方式为，方形或矩形面板上的荷载可按三角形或梯形分布传递到板肋上，其他多边形可按对角线原则分配荷载。板肋上作用的荷载按等弯矩原则简化为等效均布荷载。四边支承面板弯曲应力计算式，折边和肋所形成的面板区格，沿板材四周边缘按简支边计算，中肋支承线按固定边计算。

2）金属面板宜采用折边、设置固定角码为连接件（图3.1-12），折边宽度不小于20mm，在支承框架构件上沿周边牢固连接，连接螺钉的数量应

图3.1-12 折边式铝单板加码固定示意

经强度计算确定，螺钉直径不应小于4.0mm，螺钉相邻间距不应大于350mm。铝合金角码的截面厚度不应小于3mm，角码与金属面板折边处应采用实心铝铆钉或不锈钢抽芯铆钉连接，铆钉直径不应小于4.8mm，每一连接件的连接铆钉不应少于2个。角码与金属面板第一连接边角净距不宜大于100mm，且不小于50mm。

3）复合板与主体结构间应留空气层。空气层最小处不应小于20mm。保温层与复合板结合时，保温层与主体结构的间距不应小于50mm。

4）自攻螺钉及自攻自钻螺钉技术指标应符合现行国家标准《自攻螺钉用螺纹》GB/T 5280规定，连接的型材壁厚，铝型材厚度不应小于2mm，热轧钢型材厚度不应小于3mm，冷成型薄壁型钢厚度不应小于2mm。螺钉尖部露出长度不应小于8mm，并应有防松脱措施。自攻螺钉及自攻自钻螺钉连接应作拉、剪承载力校核，同时存在拉力和剪力连接时还应作复合受力验算。承受负风压的水平吊挂或倾斜构件、重要受力部位的受拉连接等，不应采用自攻螺钉或自攻自钻螺钉。沉头、半沉头螺钉或螺栓仅适用于非受力构件的连接。梁柱连接、悬挑构件及其端部的固定连接、外伸幕墙面板的竖向或水平装饰、遮阳条及其连接板固定部件等其他传力构件均不应使用。

（3）金属幕墙防水排水设计技术要点包括但不限于：

1）金属幕墙应设置温度变形缝。开放式铝板系统需在龙骨前设置一道防水排水构造。

2）女儿墙压顶为金属板或石材时，朝天胶缝内侧宜设第二道防水排水构造（图3.1-13）。

图3.1-13 女儿墙压顶板缝隙下设置二道防水示意

3）凸窗台、水平状装饰面应设导水坡，坡度宜为3% ~ 5%，底部应设滴水线。

三、其他饰面板幕墙类

（1）其他饰面板材料的观感控制要点包括但不限于：

1）石材选料时，同一批荒料的色调、花纹、颗粒结构应基本一致。体现效果的大面与石材的花纹或劈理方向平行。回避缺棱、缺角、崩边、裂纹、色斑、色线等不利情况。特别是干挂石材不允许出现裂纹。石材的色差、光泽度是重点核查项目，石材上墙之前需要做排板校核色差，使用专用设备检测光泽度。

2）饰面板采用直角密缝、斜角密缝、海棠拼角、退缝深胶等组角方式，可根据项目需求和业主、建筑师喜好确认。宽度小于150mm的石材转角板可与大面板连接为整体，转角板应在工厂完成拼接，不得在施工现场组装，其连接强度应满足承载力要求。

3）UHPC板、陶板、瓷板等面材的外观完整、纹理清晰、面板边缘整齐、无缺棱损角。不应有明显色差或局部因材料质量或配比等因素引起的色斑等影响和缺陷。

4）饰面板需避免打胶施工时的污染、避免清洗时的污水的泪痕污染或是化学制剂的腐蚀污染。

（2）其他饰面板系统设计技术要点包括但不限于：

1）石材面板应作六面防护处理。面板边缘宜经磨边和倒棱，倒棱宽度不宜小于2mm。磨光面板厚度，花岗石不应小于25mm，火烧板厚度以计算厚度加3mm；其他石材厚度不小于35mm。高层建筑、重要建筑及临街建筑立面，花岗石面板厚度不应小于30mm。

2）面板可采用短槽、通槽、背栓（图3.1-14）等方式支承。支承构造应便于拆装，同一块面板上可以有不同的连接构造。板块的连接和支承不应采用钢销、T形连接件、蝴蝶码和角形倾斜连接件。水平悬挂、外倾斜挂装及高层建筑的花岗石石材面板，板块的连接和支承应予加强，板块应有防止石材碎裂坠落的可靠措施。

3）瓷板宜采用框支承或背栓连接。陶板、陶棍及其他陶质部件安装，应有防碎裂坠落措施，或有防止幕墙清洗维护时撞击陶板的措施。陶板可采用插

图 3.1-14　背栓式挂接系统示意

接或背栓连接方式。采用背栓支承时，实心陶板实际厚度不应小于16mm，其承载能力应由试验确定。

4）UHPC面板连接可采用短槽、背栓、预埋锚杆或螺母套等构造形式，并尽量减少其模具数量。由于UHPC板的超高强度和高耐候性，UHPC板幕墙一般都采用大尺寸规格，背负钢架安装，装配化施工的设计思路，设计时需提前考虑面板模具大小、钢架形式、加工周期、运输方式以及吊装方案。

（3）其他饰面板系统防水排水设计技术要点包括但不限于：

与金属幕墙防水排水设计技术要点较为相似。

本节主要补充阐述立面缝的处理形式（图3.1-15）。人造面板的板缝可设计为注胶式、嵌条式或开放式。注胶式板缝不宜小于10mm，嵌条式板缝不宜小于20mm，开放式竖向板缝不宜小于6mm。

1）注胶式板缝。板缝内底部应垫嵌聚乙烯泡沫条填充材料，其直径宜大于板缝宽度20%，硅酮建筑密封胶注胶前应经相容性试验，注胶厚度不应小于3.5mm，且宽度不小于厚度的2倍。

2）嵌条式板缝。可采用金属嵌条或橡胶嵌条等形式，应有防松脱构造措施。当采用三元乙丙橡胶条、氯丁橡胶条、硅橡胶条等胶条时，胶条拼缝处及十字交叉拼缝处应由粘结材料粘结，防止雨水渗漏。

3）开放式板缝。面板背后空隙应有良好的通风，支承结构和连接构造应有可靠的防腐蚀措施，并设置建筑保温和导排水构造。开缝设计时，内壁和外壁需要等强，所以一般在有剪力墙的工况下使用，减少造价。

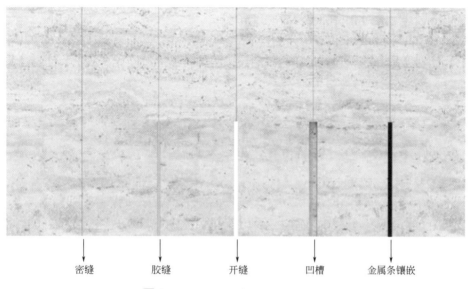

| 密缝 | 胶缝 | 开缝 | 凹槽 | 金属条镶嵌 |

图 3.1-15　立面缝隙处理形式示意

四、单元幕墙类

（1）单元幕墙的观感控制要点包括但不限于：

1）单元幕墙集成玻璃面板、金属面板、石材类面板和装饰条在内的多种构件，兼容装配，观感可控。面板类观感控制要点可参考前文。铝合金型材表面应整洁、平面、均匀，不允许有裂纹、起皮、腐蚀、气泡等，并核实其涂层性能的涂层厚度、光泽、颜色和色差等。

2）结构位置如有遮蔽要求的，建筑师应考虑使用石材、铝板幕墙，当为玻璃幕墙时，可使用彩釉玻璃、磨砂玻璃或者透明玻璃后加铝衬板遮蔽结构。注意在层间梁处或结构墙体立柱等处的玻璃幕墙背衬措施，宜采用2mm厚铝单板或经过涂刷的硅酸钙板等面材进行修饰。非透明幕墙面板背后应设置保温构造层。幕墙保温材料与面板或与主体结构外表面之间应有不小于50mm的空气层。玻璃面板内侧也应有不小于50mm的空气层。

3）单元部位之间应有适量的搭接长度，立柱的搭接长度不应小于 10mm，且能协调温度、主体结构的层间变形和地震作用下的位移。顶、底横梁的搭接长度不应小于15mm，且能协调温度、主体结构梁板变形及地震作用下的位移。需要特别关注板块宽度大于2.5m时的左右立柱搭接长度、板块高度大于

5m时的顶底横梁的搭接长度。

4）滑撑和限位器应采用奥氏体不锈钢制作，其表面应光滑，不应有斑点、砂眼及明显的划痕，金属层应色泽均匀，不应有气泡、露底、泛黄及龟裂等质量缺陷。

（2）单元幕墙系统设计技术要点包括但不限于：

1）单元板块的整体刚度、横梁与立柱连接节点刚度等应能满足运输、吊装及使用要求。弧面及其他非平面单元板块的设计，应提高整体刚度，考虑侧向荷载的作用。

2）开口截面型材不宜设置外挑构件。装饰条宜固定于闭腔箱式型材上。固定于单根立柱上的竖向装饰条、固定于单根横梁上的水平装饰条，悬挑尺度不宜大于对应立柱、横梁有效计算截面高度的1.5 ~ 2.0倍。自面板外侧算起，悬挑尺度不宜大于300mm，不应大于600mm。超过上述尺度的装饰构件或遮阳构件，宜直接固定在主体结构上。凸出部分宜有空间桁架支撑。当面板较重或凸出尺寸较大时，桁架宜直接与主体结构连接。

3）单元式幕墙板块间的对插部位应有导插构造。对插时密封胶条不应错位、带出或受损。过桥型材宜设置成一端铰接固定，另一端可滑动的连接形式，并应密封处理（图3.1-16）。

图3.1-16　单元板块横向插接、过桥型材处打胶示意

4）转角采用分体单元时，转角处一侧的单元板块应限制平面内的水平位移；采用整体单元时，单元板块应限制平面内的水平位移。

5）玻璃幕墙层间阴影盒的玻璃面板宜采用中空玻璃。如采用非中空玻璃，应有防止层间玻璃及四周边框结露的有效措施。

6）若透光部位不设开启窗扇，可在非透明部位设置非透光材质的开启扇（图3.1–17），以解决室内空气质量、自然通风的需求，透光幕墙与非透光部位之间的保温构造应连续。非透光开启扇的传热系数不应大于非透光幕墙的传热系数。

图 3.1–17　非透明部位设置非透光材质的开启扇示意

（3）单元幕墙系统防水排水设计技术要点包括但不限于：

1）单元构件型材可用2个及以上腔体，型材插接处宜用双道胶条密封。单元板块导气孔及排水孔应通畅，无积水现象。排水孔处可设透水海绵。分层排水单元组件的上横梁断面应设排水坡，坡度不小于3%。横梁各腔体顶面不应开设导排水孔。室内侧胶条横竖交错处横梁端部缝隙应注胶封堵。易渗入雨水和凝聚冷凝水的部位，应设计导排水构造。导排水构造中应无积水现象。水平构件上腹板面上不宜开导排水孔。内排水设计宜采用同层排水方式。

2）相邻四片单元板块纵、横缝相交处，端部应密封处理，防止雨水渗漏。相邻四片单元板块纵、横缝相交处靠室内侧，宜在型材内采用可阻气挡水的柔性材料封堵，柔性材料的可压缩量应满足单元板块的位移要求。单元板十字相交处过桥型材周边应注胶密封。横梁采用胶条板排水时，胶条板应连续设置，接头不应设在单元板十字相交处。对接型单元系统横竖密封胶条应相同，胶条周圈应闭合（图3.1–18）。

3）单元组件应拼装严密。横竖框连接处应采取密封措施。框架连接螺钉宜带胶拧入，螺钉和螺栓部位应有防渗漏与防松退措施。工艺孔应注胶密封或采用橡胶帽封堵。单元板的吊装孔不应损伤单元板防水系统。单元部件的密封

胶条应周圈闭合，角部应密封。

4）单元板块与主体结构连接挂件构造应能适应单元板块平面内位移。单元式幕墙与主体结构或其他系统的相接部位，应保持幕墙防水系统的完整。可增加配置或选用与单元式幕墙同一系列的型材作收口、收边构件，并采取密闭封堵措施。

图 3.1-18 单元幕墙系统排水路径示意

五、采光顶及金属屋顶类

（1）采光顶及金属屋顶类的观感控制要点包括但不限于：

1）玻璃采光顶和金属屋面的分格及龙骨截面设计须满足结构计算要求，不能因变形较大而形成局部积水区域。设计的排水坡度具备一定的自洁冲刷效果。

2）采光顶的光影投射角度变化、采光顶下部装饰物悬挂等可视化效果需要综合评估。

3）金属屋面板的布板方向、板筋宽度、曲面走向均应符合逻辑，防水排水需求优先于观感需求。屋脊、檐口、天沟等造型合理，并满足功能要求和安装空间需求，檐口吊顶与幕墙的交接应能吸收安装误差，确保看线连续美观（图3.1-19）。

图 3.1-19 金属屋面及采光顶示意

（2）采光顶及金属屋顶类系统设计技术要点包括但不限于：

1）金属屋面作为建筑金属维护系统（图3.1-20），其系统设计包括构造层次设计、支承结构设计、抗风掀设计、防水及排水设计、保温隔热设计、防火设计、防雷设计、隔声和吸声设计、维护设施设计、附加功能层设计、细部构造设计等，其设计使用年限不应少于25年。绝大多少金属屋面都是一级防水或二级防水。

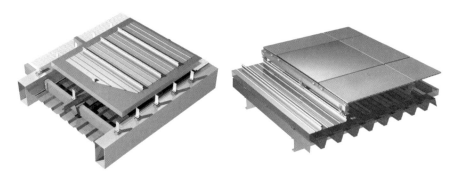

图 3.1-20　金属屋面示意

2）对风荷载较大地区或沿海易受到台风正面袭击的重要建筑，金属屋面系统应进行抗风掀试验验证，应考虑极端气候可能造成的局部积雪、积水等超常荷载工况，金属屋面结构的温度作用应按极端气温进行计算。采光顶除应作重力荷载、风荷载计算分析外，必要时还应考虑地震作用（水平及竖向地震作用）和温度效应的影响，采取相应的构造措施。计算竖向地震作用时，地震影响系数最大值按水平地震作用的65%采用。倾斜面板所受荷载，应分解为垂直于面板和平行于面板的分量，并按分量方向分别计算作用或作用效应组合。

3）采光顶窗应采用夹层玻璃或中空夹层玻璃。采用中空夹层玻璃时，其下层即面向室内一侧的玻璃应为夹层玻璃。采光顶或雨篷所采用的玻璃板块，单块面积不宜大于2.5m²，不应大于3m²，长边边长不宜大于2m。斜置玻璃应防止滑移。板块与水平面夹角大于30°时，玻璃应有防滑落构造措施（图3.1-21）。

4）有消防要求的开启天窗应与消防系统联动。在与水平面夹角大于15°的采光顶或金属屋面上设置的消防开启天窗，宜顺排烟方向开启。

5）采光顶、金属屋面的隔声及吸声性能应满足建筑功能设计要求。如必要，可进行专项声学计算、模拟和检测。

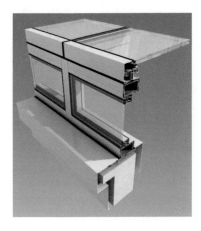

图3.1-21 采光顶及排烟开启窗示意

6）严寒和寒冷地区的屋面应采取防止冰雪融坠的安全措施。

（3）采光顶及金属屋顶类系统防水排水设计技术要点包括但不限于：

1）采光顶与金属屋面的排水方式、排水槽、天沟截面尺寸、排水管径、雨水管数量和间距应满足主体建筑设计要求，并根据屋面形式划分排水区域。排水设计应综合考虑降雨历时、降雨强度、屋面汇水面积、雨水流量、排水组织、排水设施、排水坡度、排水口防堵设置等因素。

2）采光顶、金属屋面呈起伏状或汇水面积较大时，应设置多组独立分区排水系统，也可采取虹吸排水技术。计算时除考虑最大汇水重量外，还应考虑流水冲击因素，适当提高安全度，确保系统结构刚度，满足排水功能要求。

3）面板分格应避免多条胶缝相贯、相交，接缝应有效密封。为避免主体结构体系的缺陷给系统带来不稳定因素，要避免采用变形不够稳定的结构体系，防止过大变形使面板密封胶开裂渗漏。如必须采用，结构验算时在变形满足的情况下，仍须加大胶缝宽度储备量和采用弹性模量大的密封胶，防止胶缝开裂造成渗漏。

4）金属面板固定点应设于波峰。面板应顺主导风向搭接，搭接长度按板型和屋面坡长确定，搭接部位及外露钉帽应密封。阳角脊线采用注胶密封时，两边面板应可靠定位。阴角脊线应确保密封胶宽度且内侧宜设第二道防水构造。

5）应考虑最不利风向时的集中汇水，并做有组织排水。屋面板应顺排水方向布置，坡度不宜小于3%。在积水和汇水部位应加大排水坡度。汇水部位和排水天沟结构刚度应满足排水功能要求。排水天沟坡度不宜小于0.5%。檐口面板伸入天沟长度不应小于100mm，结合处应注胶密封。自由排水檐口面板外伸不应小于200mm。

6）天沟应做溢水设计，溢流口或溢流系统应设置在溢水时雨水能通畅流达的场所；当较长天沟采用分段排水时，每段均应设置溢水设施。天沟应设置伸缩缝。顺直天沟连续长度不宜大于30m。非顺直天沟应根据计算确定，连续长度不宜大于20m（图3.1-22）。

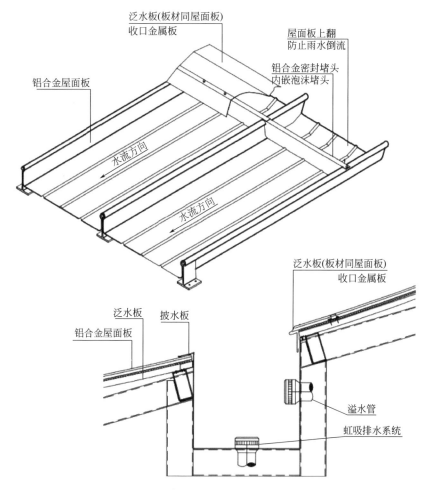

图 3.1-22　金属屋面泛水板及天沟设计示意

7）明框面板应在积水侧采取导排水措施。外伸构件宜从面板分缝处伸出。采光顶应有冷凝水和雨水的收集导排系统，室内型材宜设置贮水槽。不宜设置与采光顶面板共面的开启窗，确需设置时，构造上应有防雨水渗漏及导排水措施。开启窗或检修口高出面层不宜小于250mm，周边与面板层相交部位应设置泛水，接缝处有效密封（图3.1-23）。

8）金属屋面宜以搭接为主，如有焊接部位宜做二道防水，焊接的任何失误均可致漏水。为保证屋面整体防水的完整性，屋面下层的防水层连续完整是关键，重点关注在雨水口，出屋面管道或设备，结构变形缝处的防水层细部连接，建议采用直立锁边板刚性防水层加下层TPO防水卷材柔性防水层的双层防水方式，以达到一级防水要求。

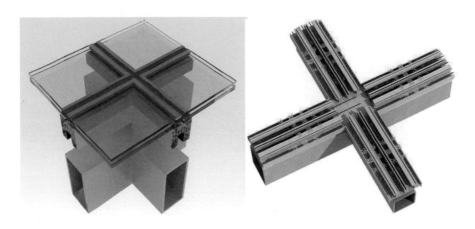

图 3.1-23　采光顶的冷凝水和雨水收集导排系统示意

六、特殊表皮类设计技术要点与BIM技术应用

（1）特殊表皮类设计技术要点：

现代建筑为追求极致观感，会设计一些大跨度的、超高的、双曲的或是异形的建筑表皮和结构体系。以下阐述一些设计时需要注意的条目：

1）对于发生大位移的幕墙结构，作用效应计算时应考虑几何非线性影响。对于复杂结构体系、桁架支承结构及其他大跨度钢结构，应核验结构的稳定性。

2）高度大于8m的玻璃肋宜考虑平面外稳定验算；高度大于12m的玻璃肋，应进行平面外稳定验算，必要时采取防止侧面失稳的构造措施。玻璃肋如果采用两（多）段拼接时，拼接处应避开弯矩最大截面（可考虑玻璃肋拼接处和比例面板接缝不在同一部位）。

3）采光顶支承体系应有明确的计算模型，杆与杆连接构造宜采用铰接连接形式，必要时也可采用刚性连接。跨度大于12m的梁式支承体系应考虑整体变形对玻璃板块分格的影响。支承跨度超过36m的空间异形采光顶结构，宜考虑风动力效应。

4）弧形及异形板宜采用几何非线性的有限元方法计算确定（图3.1-24）。

一般情况下，弧形面板板块及单一折角且折角不小于90°的异形面板板块可按展开平面板块近似计算确定；非矩形面板板块可按外接矩形平面板块，近似计算确定。

图 3.1-24　异形板块拟合双曲建筑形体示意

5）单元板块宽度超过2.0m或单元板块面积超过8.0m²的大型单元板块设计时应确保板块的传力途径清晰、直接，各杆件之间的连接有足够的刚度，关键节点、受力较大的节点有专门的加强构造措施。板块宜整体建模计算复核，各连接点的刚接、铰接假设应与实际情况相符。横梁立柱间直接由螺钉连接的节点视为铰接，必要时宜增设辅助连接件加强。板块与主体结构的连接点不宜超过3个，不应超过4个。其中2个连接点可采用安装前预定位、其余连接点可在安装后调整到位，连接点不应对单元板块产生初始变形和应力。以中立柱、公母立柱为主要传力构件时，中立柱与顶底横梁的连接、顶底横梁与公母立柱的连接应安全可靠，应分别复核吊装和使用状态下的承载能力。中立柱宜直接固定在主体结构上。玻璃面板四周与框架之间应采用结构胶连接或其他有效措施提高板块的整体刚度。

（2）特殊表皮设计BIM技术应用：

设计特殊表皮时，BIM技术应用能够起到四两拨千斤的作用。按常用的流程来说，方案设计阶段创建LOD100模型，对模型中的构件依据材料的不同赋予不同颜色，划分不同的立面系统，统计不同系统的面积，为成本预算提供便利（图3.1-25）。将所有系统编号后逐个方案进行比较和研讨，确定不同系统

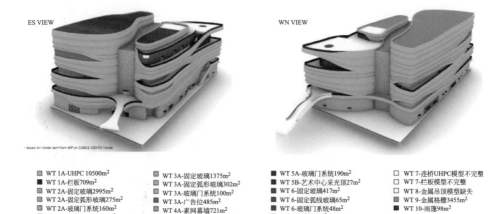

ES VIEW
WN VIEW

- Based on Model sent from KPF on 210615.1GNTD Model

■ WT 1A-UHPC 10500m²
■ WT 1A-栏板709m²
■ WT 2A-固定玻璃2995m²
■ WT 2A-固定弧形玻璃275m²
■ WT 2A-玻璃门系统160m²
■ WT 2A-金属门系统111m²
■ WT 2A-艺术百叶系统760m²

■ WT 3A-固定玻璃1375m²
■ WT 3A-固定弧形玻璃302m²
■ WT 3A-玻璃门系统100m²
■ WT 3A-广告位485m²
■ WT 4A-素网幕墙721m²
■ WT 4A-室内UHPC 552m²
■ WT 4B-中庭采光顶834m²

■ WT 5A-玻璃门系统190m²
■ WT 5B-艺术中心采光顶27m²
■ WT 6-固定玻璃417m²
■ WT 6-固定弧形玻璃65m²
■ WT 6-玻璃门系统48m²
■ WT 6-栏板274m²

□ WT 7-连桥UHPC模型不完整
□ WT 7-栏板模型不完整
□ WT 8-金属吊顶模型缺失
■ WT 9-金属格栅3455m²
■ WT 10-雨篷98m²

图 3.1-25 BIM 模型建立及系统划分示意

中不同主材的工程量和分项造价的占比关系，对重点部位进行预算倾斜，对次要部位进行预算优化。

另外，根据项目实际情况确定立面系统和节点的合规性和落地性，并按项目实际地理位置、方位和周边项目情况，整体分析项目的风环境、阳光辐射、可见光反射等情况，提供真实的窗墙比等辅助节点计算的热工参数，还能进一步考量带有装饰线条的立面工况对项目的影响，最终为玻璃选择提供更多参考信息。

在初步设计阶段，根据建筑、结构等条件输入创建 LOD200 的 BIM 模型，检查和校对各个专业之间的交接关系。对异形曲面创建参数驱动的 BIM 模型，参数化设计可辅助优化曲面和分格的设计逻辑，并尽可能采用标准化设计和模块化单元，集中在特殊位置进行误差和非标的调整，为后续施工图设计打下基础。

在招标阶段创建 LOD300 深度的整体模型，最终检查各专业的碰撞交接情况。对于异形幕墙分格和板块，统计详细定位尺寸和板块尺寸，明确所有空间板块的三维尺寸信息。建议主体混凝土结构或钢结构设计与立面设计（特别是预应力拉索结构体系）同时进行一体化合模分析，避免设计分层。完善收边收口的细部节点做法，保证不缺项漏项，保证设计深度。可根据最新成果，提供立面精准的成本分析。

3.2　立面门窗设计技术要点

门窗设计体系相对幕墙简单，本节即按工作中经常提及的话题逐项阐述。

一、门窗系统与幕墙系统的对比

门窗系统和幕墙系统大体都是用型材和玻璃两种主材组成，但是实际上做幕墙的人员研究门窗或者做门窗的人员设计幕墙都会有一定的技术屏障，建筑师有时也会因为定义不清而混淆两者的使用方式（图3.2-1）。幕墙和门窗两者是不同的系统，建筑"幕墙"是由面板与支承结构体系组成，具备相应的承载能力、变形能力和适应主体结构位移能力，不分担主体结构所受作用的建筑外围护墙体构造。而"窗"是围蔽墙体洞口（洞口窗）或一面外墙（窗墙），可起采光、通风或观察等作用的建筑部件的总称，通常包括窗框和一个或多个窗扇以及五金配件，有时还带有亮窗和换气装置。

图 3.2-1　住宅项目上观感类似玻璃幕墙的公建化外立面排窗系统

从技术的角度剖析，两者有以下根本区别（图3.2-2）：

1）与主体结构的相对位置不同：幕墙一般在主体结构外轮廓线以外，形成整体性的立面；窗通常位于主体结构外轮廓线以内的镶嵌洞口内，形成局部性的立面。

2）与主体结构传递荷载的方式不同：幕墙通过锚固支座以点荷载传递的方式，将自重和所受荷载与作用传给主体结构；窗是通过四周的框架与洞口连接以线荷载传递的方式。

3）由主体结构支承的方式不同：幕墙通常悬挂在主体结构上，其竖向主要受力构件是拉弯构件（特定情况下也采用坐装式压弯构件）；窗是坐装在主体结构窗洞口底面上，其竖向主要受力框架构件是压弯构件。

4）立面及构件型材截面的大小不同：幕墙是采用较大截面的型材构件（幕墙料），通过接缝设计而形成的大面积、连续性墙体围护结构；窗是采用较小截面的型材构件（窗料）形成的墙面开口部位小面积、局部性围护部件。

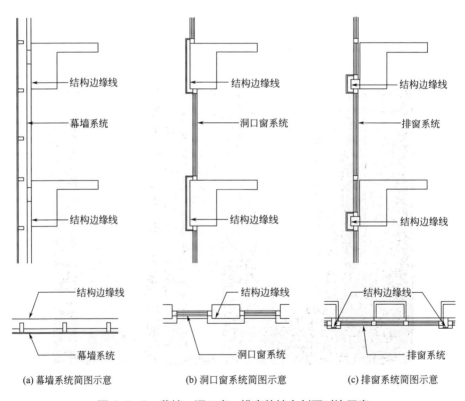

(a) 幕墙系统简图示意　　　(b) 洞口窗系统简图示意　　　(c) 排窗系统简图示意

图 3.2-2　幕墙、洞口窗、排窗的墙身剖面对比示意

二、关于排窗体系、玻璃内装外装、品牌系统窗的讨论

由于住宅项目公建化立面的快速发展以及相关住宅规范对玻璃幕墙体系的限制，大多数中高端项目外立面采用了实墙面以外做排窗体系的安装方式，由于结构梁、柱、剪力墙等处设置了挑板，保证了排窗体系仍在结构边缘线以内，故仍按窗系统定义。有时跨度大的排窗体系会用到幕墙料，但非幕墙体系，也非玻璃幕墙。正是由于排窗体系背后存在实墙，实体墙前方的玻璃安装和更换只可采用压条外装的方式更为合理。为保证安全和系统性能，此处玻璃外装的压条需要增加螺钉固定，相对洞口窗的玻璃采用内装式的压条有所不同（图3.2-3）。

需要注意的是，如果立面上单纯采用洞口窗的形式，其玻璃尽可能采用压条内装，以确保窗玻璃安装的可靠性、安全性。特别是窗型包括平开窗时，可通过设置转向框来达到固定扇玻璃和开启扇玻璃的压线均为内装的效果。尽管行业内部分窗型可以通过减少转化框来节省造价，但是没有实墙的阻挡，其防盗性能和系统性能将大幅削弱。

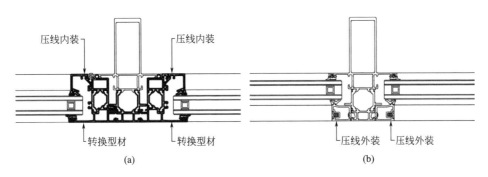

图 3.2-3　窗户玻璃线条内压与外压对比示意

另外，在项目定位中经常会讨论品牌系统门窗和国产组装门窗的选型对比，因其关乎门窗系统性能和造价差异，类似选购电脑时是买品牌机或是买组装机，电脑系统是使用长期稳定，还是偶尔蓝屏宕机。品牌系统门窗经过严格的测试和检验使得性能更加稳定，加工和安装的严谨性和匹配性、质保年限和售后服务都会优于组装门窗。当然，定位和选型都是根据预算决定，不论是选择品牌系统门窗，还是选择国产组装门窗，认真做好设计管理，对加工、施工进行严格把控，最终才能满足预期的需求和效果。

三、塑钢窗和铝合金门窗对比

房地产项目住宅档次一般按照豪宅、准豪宅、中档住宅和普通住宅（或者A\B\C\D档）划分。中高端住宅项目中门窗多用铝合金门窗（系统门窗、断桥铝合金门窗、普通铝合金门窗等），中低端住宅项目则多用塑钢窗。塑钢门窗相比铝合金门窗的造价、保温性能、隔声性能、水密性能、气密性能、防雷性能具有一定优势，但是耐候性能、耐用性能、抗风压性能、防火性能较为劣势（表3.2-1）。

塑钢窗和铝合金门窗对比 表 3.2-1

	性能	塑钢门窗	铝合金门窗
塑钢优势	保温性能	K值1.4 ~ 2.2W/（㎡·K） PVC型材是目前用于门窗的型材中保温性能最好的，其传热系数是钢材的1/357，是铝型材的1/1250	K值2.0 ~ 3.0W/（㎡·K） 铝型材和PVC型材整窗的传热系数之比是1.44倍，即冬季、夏季的能量损失是塑钢窗的1.44倍
	隔声性能	隔声效果30dB以上	由于铝合金的金属特性，其能量传播性能远高于塑钢窗，其中就包括声能和热能
	水密性能	拥有独立排水腔，采用错位排水孔系统，冬季不会结露	铝合金型材无排水腔，采用单臂直排水方式，由于铝金属特性，冬季会出现结露现象
	气密性能	热熔焊接加工，没有缝隙	机械组角，螺接加工，有缝隙，需打胶
	防雷性能	绝缘体，不导电	金属具有导电性，需增加防雷设备
塑钢劣势	耐候性能	普通彩色共挤产品可以做到五年以上不变色 高档彩色共挤产品可以做到十年以上不变色	粉末喷涂可以做到十年以上不变色 （注：室外型材常用氟碳喷涂）
	耐用性能	塑钢质感一般，材料强度（角部连接）一般，耐用性一般	铝合金质感良好，材料强度（角部连接）大，耐用性强
	抗风压性能	钢衬腔增加钢衬提高其抗风压性能	不需要加钢衬
	防火性能	难燃性，目前可以实现耐火半小时	可用于防火窗

塑钢门窗外观细腻柔和，表面效果常见于白色、炫彩、纹彩、覆膜、通

体、双面共挤等样式，可根据建筑整体风格进行定制，丽彩金属可以实现金属光泽装饰效果。而铝合金门窗外观就具有金属光泽，通常采用粉末喷涂、氟碳喷涂，也有木纹转印等特殊观感需求。根据门窗观感研究，塑钢门窗采用"通体+单面共挤（共挤面为金属拉丝或金属色）"的效果最为接近喷涂处理的铝合金型材。

四、防火窗、耐火窗的对比

防火窗多用于避难层，是指用钢窗框、钢窗扇、复合防火玻璃组成的，能起隔离和阻止火势蔓延的窗，其耐火完整性及耐火隔热性的时长根据甲、乙分别要求不小于 1.5h、1h。窗型必须按照现有检测报告进行分格，比较影响外观。因窗扇为普通折弯成型，没有固定胶条的凹槽，因此水密性、气密性、保温节能较弱。

耐火窗多用于避难间，是指由钢型材或铝型材的框扇、单片防火玻璃组成的，具有热敏感元件自动控制关闭窗扇功能，满足其他材质 C 类非隔热防火窗检测要求，具有耐火完整性不低于一个小时的窗户，因此采用钢制冷弯一体成型或铝合金型材挤压成型的框扇，可以放置密封胶条，能够全面满足建筑外窗性能要求。

五、窗墙比、窗地比

窗墙比指的是某一朝向的外窗洞口、透明幕墙总面积与同朝向墙面总面积的比值。从降低建筑能耗和控制成本的角度出发，必须限制窗墙面积比。因为窗户的保温性能要比外墙保温性能低很多，造价相对要高很多，窗户越多造价越高，因此窗墙比作为地产公司强制性成本控制指标。窗墙比设计时需考虑不同地区冬、夏季日照情况、季风影响、室外空气温度、室内采光设计标准以及外窗开窗面积与建筑能耗等因素，同时也直接关系到开发商的产品线、户型选择与组合等。以洞口窗为主的常规外立面住宅项目中，地产公司要求将窗墙比控制在 0.30 之内，以 0.25 ~ 0.28 为宜，降低外墙保温投入，尽可能减少飘窗、转角窗的面积。

窗地比指的是一个房间的窗洞口面积与该房间地面面积的比值。其主要作用在于房间内部的通风和采光，对户型的评价有重要影响。

六、采光要求和通风要求

采光要求直接与窗地比关联，根据不同地区和不同功能部位的要求进行比例限值控制。通风要求则关联到整窗中开启扇的有效通风换气面积。当幕墙、外窗开启时，空气将经过两个"洞口"，一个是开启扇本身的固定洞口，一个是开启后的空气界面洞口，决定空气流量的是较小的洞口。如果以开启扇本身的固定洞口作为有效通风换气面积进行设计，将会导致实际的换气量不足，这也是目前市场反映通风量不够的主要原因。例如平开窗的有效通风换气，可按窗洞口面积的100%计算，但是悬窗则需按开启角度、开启距离综合计算。即便是平开窗的实际通风面积计算还需要细化到开启扇对应框料的边缘线。所以单纯按门窗大样的分格尺寸计算通风要求是不妥当的。另外，实操应用中主卧开窗经常成为讨论的焦点，因主卧室的地板面积通常较大，通风要求比例需要开大窗或者多开窗，以及界定地板实际面积等方式来满足要求。

开启窗实际通风测算方法（图3.2-4），是将门窗各位置节点放置在大样图对应位置垂直索引，图纸比例需为1:1，沿框料、扇料、中梃料边缘位置画线，线条相连后的方框即为门窗实际通风面积。

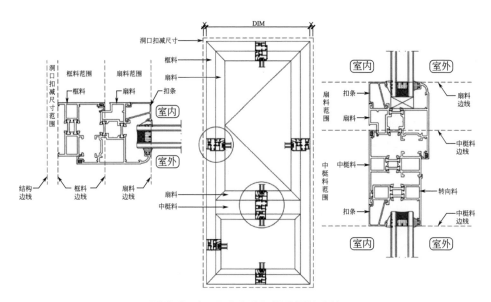

图3.2-4　开启窗实际通风测算方法

七、常用窗洞口宽度分格建议表

常用窗洞口宽度分格建议　　　　　　表 3.2-2

窗土建洞口宽度 W（mm）	铝合金窗	
$W<550$	主要功能区间不应出现宽度 <550 的窗洞口	
$550 \leqslant W \leqslant 750$	单扇开启	
$750<W<1200$	单扇开启时避免出现此宽度的窗洞口	
$1200 \leqslant W \leqslant 2200$	宽度为 $1200 \leqslant W \leqslant 1300$ 时设计为两分格均分；（可根据通风面积的要求，设置单扇开启）	宽度为 $1300 \leqslant W \leqslant 2200$ 时设计为开启+固定， 开启扇宽度：$550 \leqslant A \leqslant 750mm$

窗土建洞口宽度 W（mm）	铝合金窗
2200 ≤ W ≤ 2600	宽度设计为三分格，开启+固定+开启，开启扇宽度：550 ≤ A ≤ 750mm 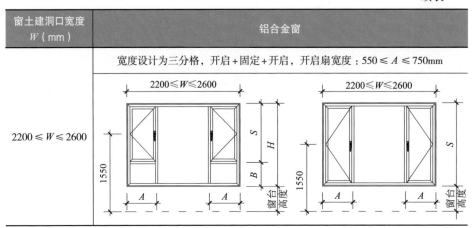

八、常用门洞口宽度分格建议表

常用门洞口宽度分格见表3.2–3。

常用门洞口宽度分格建议　　　　表 3.2–3

门土建洞口宽度 W（mm）	铝合金门		
W<800	不应出现宽度＜800的开门洞口		
800 ≤ W ≤ 1000	单扇平开门		
	800 ≤ W ≤ 1000		
1000 ≤ W ≤ 1200	不宜出现此宽度的门洞口		
1200 ≤ W ≤ 2000	1200 ≤ W ≤ 1400 子母门，子门宽度固定为450mm（可用）	1500 ≤ W ≤ 2000 双扇对开门（均分）（推荐）	1400 ≤ W ≤ 2000 组合门（固定+开启），平开门单扇门宽：800 ≤ V ≤ 1000mm（可用）

续表

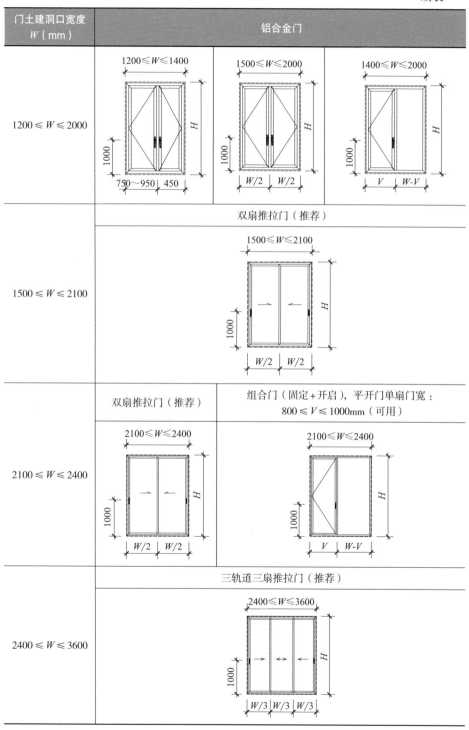

门土建洞口宽度 W（mm）	铝合金门		
$1200 \leqslant W \leqslant 2000$	$1200 \leqslant W \leqslant 1400$	$1500 \leqslant W \leqslant 2000$	$1400 \leqslant W \leqslant 2000$
$1500 \leqslant W \leqslant 2100$	双扇推拉门（推荐） $1500 \leqslant W \leqslant 2100$		
$2100 \leqslant W \leqslant 2400$	双扇推拉门（推荐） $2100 \leqslant W \leqslant 2400$	组合门（固定+开启），平开门单扇门宽： $800 \leqslant V \leqslant 1000$mm（可用） $2100 \leqslant W \leqslant 2400$	
$2400 \leqslant W \leqslant 3600$	三轨道三扇推拉门（推荐） $2400 \leqslant W \leqslant 3600$		

门土建洞口宽度 W （mm）	铝合金门	
	双扇提升推拉门（推荐）	四扇推拉门（推荐）
$2800 \leqslant W \leqslant 4000$		

注：回避采用双轨三扇推拉门。

九、常用门窗样式建议一览表

常用门窗样式建议见表3.2-4 ~ 表3.2-7及图3.2-5 ~ 图3.2-8。

常用门窗样式建议一览表 1　　　　　表 3.2-4

洞口尺寸分类	窗（注：不应出现$W < 550$，$800 < W < 1200$的窗洞口）			
	$550 \leqslant W \leqslant 800$	$1100 \leqslant W \leqslant 1300$	$1300 \leqslant W \leqslant 2200$	$2200 \leqslant W \leqslant 2600$
卫生间				
厨房				

续表

洞口尺寸分类	$550 \leqslant W \leqslant 800$	$1100 \leqslant W \leqslant 1300$	$1300 \leqslant W \leqslant 2200$	$2200 \leqslant W \leqslant 2600$
公区				
卧室				

（窗（注：不应出现 $W<550$，$800<W<1200$ 的窗洞口））

常用门窗样式建议一览表 2   表 3.2-5

洞口尺寸分类	$800 \leqslant W \leqslant 1000$	$1200 \leqslant W \leqslant 1300$	$1300 \leqslant W \leqslant 2400$	$2400 \leqslant W \leqslant 3600$	$2800 \leqslant W \leqslant 4000$	$3600 \leqslant W \leqslant 4200$
平开门适用于铝合金系统与塑钢系统						

（门（注：不应出现 $W<800$，$1000<W<1200$ 的门洞口））

续表

门（注：不应出现 $W<800$，$1000<W<1200$ 的门洞口）					
洞口尺寸分类	$800 \leqslant W \leqslant 1000$	$1200 \leqslant W \leqslant 1300$	$1300 \leqslant W \leqslant 2400$	$2400 \leqslant W \leqslant 3600$	$2800 \leqslant W \leqslant 4000$	$3600 \leqslant W \leqslant 4200$
铝合金推拉门						

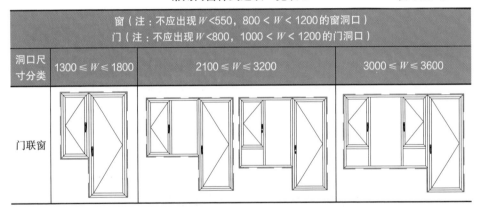

常用门窗样式建议一览表 3　　　表 3.2-6

窗（注：不应出现 $W<550$，$800<W<1200$ 的窗洞口） 门（注：不应出现 $W<800$，$1000<W<1200$ 的门洞口）		
洞口尺寸分类	$1300 \leqslant W \leqslant 1800$	$2100 \leqslant W \leqslant 3200$	$3000 \leqslant W \leqslant 3600$
门联窗			

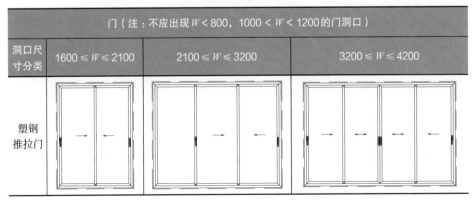

常用门窗样式建议一览表 4　　　表 3.2-7

门（注：不应出现 $W<800$，$1000<W<1200$ 的门洞口）		
洞口尺寸分类	$1600 \leqslant W \leqslant 2100$	$2100 \leqslant W \leqslant 3200$	$3200 \leqslant W \leqslant 4200$
塑钢推拉门			

图 3.2-5　住宅主卧、次卧常用窗型示意

图 3.2-6　住宅阳台双轨双扇提升推拉门示意

图 3.2-7　住宅阳台三轨三扇推拉门开启与关闭状态示意

图 3.2-8　住宅阳台四扇推拉门示意

十、门窗设计原则及技术要点

（1）门窗设计的一般原则

1）各地区窗型设计需满足当地规范要求，并相应地考虑遮阳措施。

2）门窗立面设计时要考虑建筑的整体效果要求。同一立面、同一房间的门窗分格设计应保持一致。门窗的横向分格线条要处于同一水平线上，竖向线条应对齐。除特殊情况以外，外窗的窗顶宜齐梁底，且应在同一水平面上。固定部分不宜设竖杆或横杆，尽量采用不遮挡视线的整块大玻璃。

3）窗型设计应考虑同一立面开启扇对称（图3.2-9）。充分考虑门窗开启扇相互之间的影响（图3.2-10）。为避免影响室内空间的使用，应注意门窗开启的方向，门窗开启轴应设置在墙边。

4）洞口内门、窗必须设置门垛、窗垛，门垛净尺寸不宜小于100mm，窗垛净尺寸不应小于50mm（阴角部位指洞边至外墙完成面）。

5）在满足开启窗通风要求时，开启扇下固定扇高度宜控制在300～500mm。

6）在满足通风计算要求的前提下，常规平开窗开启扇的宽度尺寸550～750mm，优先设计为650mm宽。铝合金窗扇高度不应大于1700mm，不应小于600mm；塑钢窗扇高度不应大于1500mm，不应小于600mm。

7）门窗开启扇需考虑便于空调机位的安装、检修。临近空调机位的开启扇宽度不应小于600mm，高度不应小于1000mm，需满足空调主机进出要求。

8）外平开窗应采用防脱落措施。平开窗开启角度不应小于70°。上悬窗开启角度≤30°，并且开启行程≤300mm。

9）为符合人体工学的要求，窗的执手设置高度应距离地面1500 ~ 1700mm，执手应避开低窗防护栏杆影响（尤其关注凸窗部位）；门的执手为了满足家庭成员都能方便开启，高度应设置在1000 ~ 1100mm。窗台、凸窗应按规范要求设置防护栏杆。

10）设计推拉门时，单扇推拉的门扇宽度需≥700mm，双扇推拉门的门洞宽度需≥1500mm；塑钢推拉门的门扇宽度不应大于1200mm，不宜大于1000mm；高度不应大于2300mm，不宜大于2200mm。

11）外平开门均应安装限位撑，建议在有自动关闭要求的情况下设置闭门器。

图 3.2-9　窗型对称设计示意　　图 3.2-10　开窗产生干涉情况示意

（2）门窗在卧室的设计原则

1）卧室窗为单扇开启时宜朝床尾开启。卧室、书房等功能区间，开启扇宜与该功能区间的内门在同一侧，以便于室内通风。

2）当卧室设计有转角窗时，转角窗洞口宽度尺寸在400 ~ 650mm时，转角窗可设置为固定扇；转角窗洞口宽度尺寸在650 ~ 750mm 时，转角窗可设置为开启扇；若因通风率需求或保证大面玻璃观感效果可酌情调整（图3.2-11）。

（3）门窗在阳台的设计原则

1）阳台门的门型及其洞口宽度控制尺寸应考虑日常使用便利性。

2）推拉门应充分考虑室内装修面层的厚度，装修后室内装饰完成面需低于铝合金外框≤5mm，室外完成面低于推拉门外门槛且不得堵塞泄水口。毛坯交付的应考虑生活阳台、厨房地面和铝合金门下口高度，满足业主铺地砖要求。

（4）门窗在厨房的设计原则

1）为便于橱柜的安装，厨房窗台应≥900mm。

2）厨房在窗下有洗水台时，应考虑高空坠物的因素，可适当设置下固定窗（图3.2-12）。

图 3.2-11 转角窗开启设计示意　　**图 3.2-12 厨房窗设置下固定窗示意**

3）成本允许时，厨房可选用电动或手摇外开窗（图3.2-13）。在判断各地区项目对外窗气密性及水密性的验收无风险后，可考虑推拉窗。对要求严格的地区项目不允许做推拉时，也不能设计外开窗时，可以做内开窗；但需考虑内开扇与室内水龙头干涉的问题，开启扇下方需设置下固定以避开水龙头。

4）厨房门、窗的设计中均应注意避让操作台、吊柜，还应注意避让烟道、设备管线及服务阳台上的洗衣机等。

（5）门窗在卫生间的设计原则

1）卫生间的窗需经常通风，可设计为外平开窗，亦可设置为上悬窗。

图 3.2-13　厨房台面前开启窗设置手摇器示意

2）考虑到私密性，玻璃宜选用磨砂玻璃。

3）卫生间窗顶标高不宜高于吊顶。

4）开窗的位置不应与马桶、镜柜、花洒五金件等所在区域干涉。

5）卫生间的窗临近马桶、浴缸等易攀爬物体时，需加装限位器（图3.2-14）或提示客户入住后加装具有防护性的滑动开启式钢制纱窗。

图 3.2-14　卫生间马桶及浴缸侧的开启窗工况示意

（6）门窗在公共区域的设计原则

1）公共区域的外窗在满足自然通风及排烟的条件下，完全开启后不应影响疏散宽度，且不宜与住户外窗产生对视。

2）公共区域的窗，应做开启限位及防坠设计。

十一、门窗五金设计常见事宜

门窗五金是门窗设计的重要组成部分，一般系统窗设计会直接包含五金设计，但是组装窗的设计则需要充分关注扶手、传动器（杆）、锁块、滑撑、风撑、防脱器、助升块、限位块、防撞块、合页、地弹簧、滑轮等细节部件。窗扇、门窗的高度、宽度、重量决定五金型号的选用。窗型及配套五金件配置、执手的表面喷涂处理和样式选择常作为地产公司编制标准化的重要事项（图 3.2-15 ~ 图 3.2-18）。

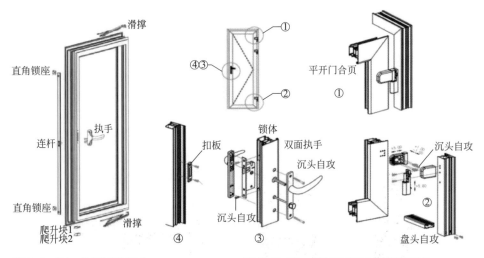

图 3.2-15 外平开窗五金
配置示意

图 3.2-16 外平开门五金配置示意

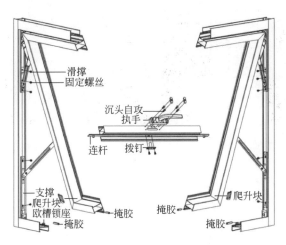

图 3.2-17 外开上悬窗五金配置示意

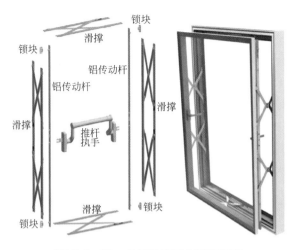

图 3.2-18　外平推窗五金配置示意

十二、各类工况的门窗设计要点

门窗安装方式常见于木模（或铝模非全混凝土）、铝模、钢副框等工况，其洞口尺寸、和门窗框料边缘尺寸之间存在特殊关系，在门窗大样图尺寸标注、下料设计、防渗漏节点处理等事项中非常关键。

举例来说，木模或铝模非全混凝土工况，主要应用于外墙常规抹灰项目，框料的固定片为双边固定，布置间距不大于500mm（砌体墙中须注意混凝土块的预设），塞缝距离为20 ~ 25mm，采用三边发泡剂，底边及两侧上翻200mm为砂浆，封修周圈须先找平再刷防水涂层（图3.2-19）。

铝模全混凝土工况，主要应用于外墙薄抹灰、免抹灰项目，框料采用单边压槽固定，固定片间距不大于300mm（铝模深化时需密切配合门窗定位），塞缝宽度为15 ~ 20mm，全部采用防水砂浆塞缝，封修周圈须先找平再刷防水涂层。

洞口带钢副框的工况，主要应用于外墙常规抹灰项目，固定片双边固定，布置间距不大于500mm，塞缝采用防水砂浆塞缝，封修周圈须先找平再刷防水涂层。

室外装饰材料与主框之间应留设注胶槽口，槽口的宽度和深度为6 ~ 8mm，室外槽内和室内交接界面应施打中性硅酮密封胶，填塞饱满无空隙（图3.2-20）。严禁将门窗框室外侧的密封胶打在涂料或腻子上，避免出现脱胶

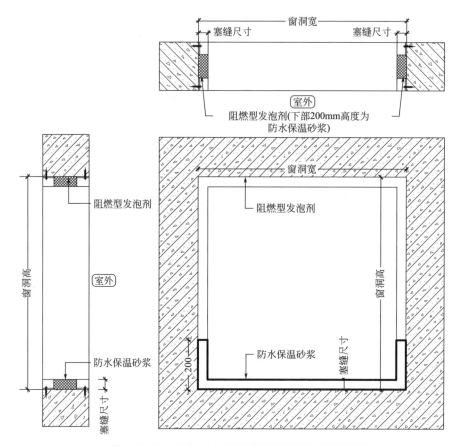

图 3.2-19　铝模非全混凝土工况下塞缝处理示意

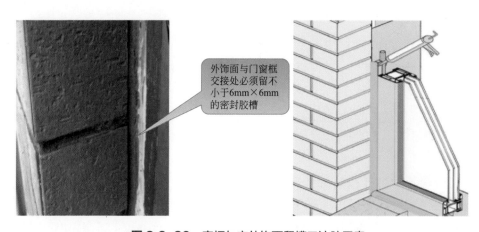

图 3.2-20　窗框与室外饰面留槽口注胶示意

失效的情况。

　　建筑门窗严禁使用射钉固定在砌体上安装，如遇砖墙洞口时须预留混凝土埋块，为固定片安装提供条件（图 3.2-21）。如遇铝模全混凝土的门窗洞口，需要事先介入铝模设计压槽尺寸和定位，避免留槽失效浪费的情况（图 3.2-22）。

图 3.2-21　砌体墙加混凝土 　**图 3.2-22**　全混凝土墙的安装
块的安装工况　　　　　　　　　　工况

　　另外，建筑设计时会出现墙体外保温和内保温的区别，需要在建筑剖面深化时预先沟通门窗洞口缩尺数据、室外收口方式、室内毛坯或精装的收口方式（图 3.2-23）。特别注意飘窗两侧墙面的室内装饰层延伸到窗框处的收口方式，通常预留窗垛可以解决问题。

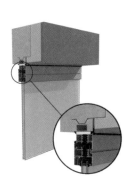 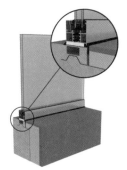 

图 3.2-23　洞口带钢副框的内保温工况安装节点示意

十三、门窗设计管控建议

门窗大样深化时，须在平面图上采用统一标高的1：1垂直牵引图分析，特别关注洞口尺寸、毛坯粉刷完成线、精装封修完成线、背衬墙、窗台对分格的影响，塞缝缩尺、窗料宽度的边界和中线与分格线的对应关系。公建化立面项目采用衬墙外排窗设计时，建筑图中的窗型材示意位是精细化管理的重点把控对象。另外，牵引图须注意在平面图上端、左端、右端的门窗大样图的放置方式，整合到大样图过程中须避免在旋转和镜像时出现致命错误。

门窗节点深化时，关注固定玻璃许用面积、开启窗数量和大小等经济性要点、关注开启扇的轴位及开启形式的图例、玻璃配置标注的表达，执手高度、护栏高度、窗框看线、窗扇看线之间干涉关系等，并将门窗各位置节点放置在大样图对应位置垂直索引进行校核。门窗的采光要求和通风要求应全部列表校核。

3.3 立面部品、涂料与泛光等项设计技术要点

外立面设计项目中包括幕墙、门窗以外，通常会把室外护栏、百叶格栅、外墙涂料、泛光等内容都划分给立面设计范畴。其中护栏类型、护栏高度、护栏组装、百叶格栅的观感与通风、涂料选型、泛光灯具安装和效果等都是项目中常见的问题，以下做展开讲解。

一、立面护栏的类型及相关规范

立面护栏常见应用部位有：阳台护栏、飘窗护栏、公区外窗护栏、公区室外护栏（外廊、天井、上人屋面、观景平台、露台、室外楼梯）、装饰护栏（空调外机处），室内范围的相关护栏参考相关规范。

常见的护栏类型有：玻璃栏板、铁艺栏杆、玻璃面板和铁艺结合式栏板等。一般来说，根据地产公司分级分档原则，中高端项目采用玻璃栏板（图3.3-1）、中低端采用铁艺栏杆。

图 3.3-1　阳台护栏采用玻璃栏板示意

立面护栏设计时常用相关规范，包括但不限于：《建筑防护栏杆技术标准》JGJ/T 470-2019、《民用建筑设计统一标准》GB 50352-2019、《特殊教育学校建筑设计标准》JGJ 76-2019、《托儿所、幼儿园建筑设计规范》JGJ 39-2016、《建筑设计防火规范》GB 50016-2014、《宿舍建筑设计规范》JGJ 36-2016、《建筑玻璃应用技术规程》JGJ 113-2015、《建筑用玻璃与金属护栏》JG/T 342-2012 等。

由于可以参考的防护栏杆的规范条款相对分散，需要在应用和设计时反复确认条款应用工况以及规范执行年份，避免条款遗漏或者参考废除条款，导致不必要的错误。

二、护栏的可踏面与防护高度技术要点

栏杆高度应从所在楼地面或屋面的栏杆扶手顶面垂直高度计算，当底面有宽度大于或等于 0.22m，且高度低于或等于 0.45m 的可踏面部位时，应从可踏部位顶面起算（图 3.3-2）。栏板上边缘高于扶手顶标高时，高出部分尺寸不计护栏防护高度。

对于不同业态，处于不同工况下的防护栏杆高度要求是不同的。例如，窗台的工况就包括低窗台、高窗台、飘窗台等（图3.3-3）。常见的防护栏杆高度可速查表3.3-1作为参考。

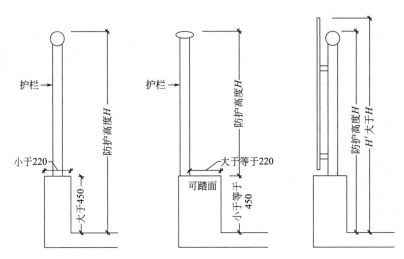

图 3.3-2　防护栏杆的可踏面示意

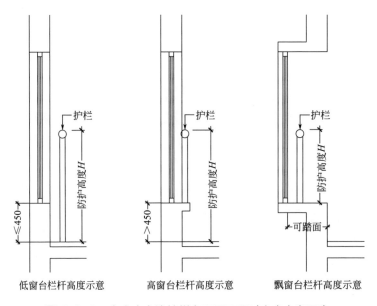

低窗台栏杆高度示意　　　高窗台栏杆高度示意　　　飘窗台栏杆高度示意

图 3.3-3　室内窗台边护栏在不同工况时高度定义示意

护栏高度设定一览表　　　　　　　　　表 3.3-1

业态	位置	窗台高度	防护栏杆高度
住宅	平窗	≤0.45m	防护高度从窗台面起算不应低于 0.90m； （护栏或固定窗扇的高度从窗台算起）
		>0.45m	防护高度从地面起算不应低于 0.90m（护栏或固定窗扇的高度自地面算起。但护栏下 0.45m 高度范围内不得设置水平栏杆或任何其他可踏部位。如有可踏部位则其高度应从可踏面算起）
	凸窗（宽度大于 0.22m 的窗台）		凡飘窗或宽窗台可供人攀爬站立时，护栏或固定窗扇的防护高度一律从窗台面算起；防护高度从地台面起算不应低于 0.90m，护栏应贴窗设置
	阳台		栏板或栏杆净高，当临空高度 24.0m 以下不应低于 1.05m；当临空高度 24.0m 及以上不应低于 1.10m（封闭阳台栏板或栏杆也应满足阳台栏板或栏杆净高要求。七层及七层以上住宅和寒冷、严寒地区住宅宜采用实体栏板）
	外廊、内天井及上人屋面等临空处的栏杆		栏板或栏杆净高，当临空高度 24.0m 以下不应低于 1.05m；当临空高度 24.0m 及以上不应低于 1.10m
	楼梯平台处栏杆		楼梯水平段栏杆长度大于 0.50m 时，其扶手高度不应小于 1.05m（楼梯井净宽大于 0.11m 时，必须采取防止儿童攀滑的措施）
幼儿园托儿所	平窗		窗台面距楼地面高度低于 0.90m 时，防护高度应从可踏部位顶面起算，不应低于 0.90m
	外廊、室内回廊、内天井、阳台、上人屋面、平台、看台及室外楼梯	临空处	防护栏杆的高度应从可踏部位顶面起算，且净高不应小于 1.30m（当采用垂直杆件作栏杆时，其杆件净距离不应大于 0.09m）
	楼梯、扶手和踏步		楼梯除设成人扶手外，应在梯段两侧设幼儿扶手，其高度宜为 0.60m（楼梯井宽度大于 0.11m 时，必须采取防止幼儿攀滑措施，当采用垂直杆件作栏杆时，其杆件净距不应大于 0.09m）
公共场所	上人屋面和交通、商业、旅馆、医院、学校等建筑临开敞中庭		高度不应小于 1.20m （公共场所栏杆离地面 0.10m 高度范围内不宜留空）

三、护栏金属构件的厚度及杆件间隙设计技术要点

《建筑防护栏杆技术标准》JGJ/T 470-2019中金属构件的厚度应符合下列规定：

1）不锈钢管立柱的壁厚不应小于2.0mm，不锈钢单板立柱的厚度不应小于8.0mm，不锈钢双板立柱的厚度不应小于6.0mm，不锈钢管扶手的壁厚不应小于1.5mm；

2）镀锌钢管立柱的壁厚不应小于3.0mm，镀锌钢单板立柱的厚度不应小于8.0mm，镀锌钢双板立柱的厚度不应小于6.0mm，镀锌钢管扶手的壁厚不应小于2.0mm；

3）铝合金管立柱的壁厚不应小于3.0mm，铝合金单板立柱的厚度不应小于10.0mm，铝合金双板立柱的厚度不应小于8.0mm，铝合金管扶手的壁厚不应小于2.0mm。

在阳台栏杆的实际应用中，在镀锌钢立柱和扶手外套上铝合金装饰型材的观感效果佳，且能够为封闭阳台做好预留。

防护栏杆间隙把控原则为：水平构件的间隙大于30mm小于110mm，有无障碍要求或挡水要求时，离地面100mm高度处不应留空。垂直杆件净距离大于30mm小于110mm，应采用防止少年儿童攀登的构造。当幼儿园、托儿所中，采用垂直杆件作栏杆时，其杆件净距不应大于90mm。

四、玻璃栏板设计技术要点

1）玻璃栏板应考虑施工误差、温度、应力集中等对玻璃的影响。

2）玻璃栏板采用点支承结构时，玻璃栏板驳接头与玻璃之间应设置弹性材料的衬垫和衬套，衬垫和衬套的厚度不宜小于1mm，且连接部位应可调节。

3）玻璃栏板采用两边支承时，玻璃嵌入量不应小于15mm；采用四边支承时，玻璃嵌入量不应小于12mm。

4）室外栏板玻璃应进行玻璃抗风压设计，对有抗震设计要求的地区，应考虑地震作用的组合效应。栏板玻璃固定在结构上且直接承受人体荷载的护栏系统，其栏板玻璃应符合下列规定：

①当栏板玻璃最低点离一侧楼地面高度不大于5m时，应使用公称厚度不小于16.76mm钢化夹层玻璃。

②当栏板玻璃最低点离一侧楼地面高度大于5m时，不得采用此类护栏系统。

阳台护栏玻璃栏杆示意见图3.3-4。

图 3.3-4　阳台护栏玻璃栏杆示意

五、防护栏杆结构设计及性能要求

1）室外栏板应考虑风荷载作用。

2）建筑防护栏杆不应直接锚固在砌体结构上。窗的防护栏杆应与建筑主体结构牢固连接，不应只固定于窗体上。

3）应对栏杆受水平集中力作用进行验算，水平集中力宜取1.5kN，水平集中力应作用于栏杆中的不利位置，且可与均布荷载不用时作用。防护栏杆立柱顶部在设计荷载作用下的位移限值应取30mm，扶手挠度限值应为扶手长度的1/250，在风荷载作用下的玻璃栏板挠度限值应为玻璃板跨度的1/100。建筑防护栏杆抗水平荷载性能检测时，中小学校防护栏杆水平荷载应取1.5kN/m，其他场所防护栏杆水平荷载应取1.0kN/m，防护栏杆最大相对水平位移、扶手的相对挠度同前所述，卸载1min后扶手的残余挠度不应大于$l/1000$，防护栏杆不应出现损坏。

4）建筑防护栏杆抗垂直荷载性能检测时，扶手的垂直荷载应按1500N计算，扶手的最大挠度不应大于$l/250$，最大残余挠度不应大于$l/1000$，防护栏杆不应出现损坏。

5）建筑防护栏杆抗软重物撞击性能检测时，撞击能量E应为300N·m，每次撞击后扶手水平相对位移不应大于$h/25$，防护栏杆不应出现损坏。

6）建筑防护栏杆抗水平反复荷载性能检测时，水平反复拉力 F 应取 1000N，对防护栏杆室内侧和室外侧反复施加拉力 F 各 10 次后，防护栏杆不应出现损坏。

7）建筑防护栏杆通过机械锚栓、化学锚栓和植筋与混凝土结构连接时，应通过严格的结构计算进行设计。原则上，每个立柱处的锚栓不应少于 2 个，锚栓的直径不应小于 8mm，锚板厚度不宜小于 6mm。

六、百叶与格栅设计要点

如前文所述，百叶和格栅作为"遮"的立面效果，同时又提供了通风的作用。在空调外机前方、设备层立面、屋顶设备上方、走廊吊顶处、排风管出风口处等部位的百叶、格栅都需要同时考虑观感和通风。观感分析一般要控制外观造型的视角分析、虚实比分析，通风分析则以通风率或气流通过率来判断。

例如，在立面方向上，最常见的是住宅项目空调外机的百叶设计，多数采用单片式斜向组合的拼装百叶，经过视角分析和虚实比分析会发现，在较大范围的仰视角区间中，百叶存在观感失效的情况，也就是单片百叶仅仅起到了一线遮挡的效果，因而感觉空调外机与外露无异（图3.3-5）。另外，一般空调厂家为保证空调外机在使用时不因温度过高而跳机，要求的通风率要求在50% ～ 80% 不等。根据项目实践，多采用70%的通风率保障外机必需的通风率，然后进行多样式多视角的对比分析，百叶截面设计在考虑型材含量适当的

 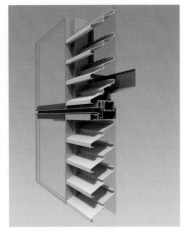

图 3.3-5　空调位百叶观感失效示意

原则下，保障观感效果和尽可能挡雨的需求（图 3.3-6）。

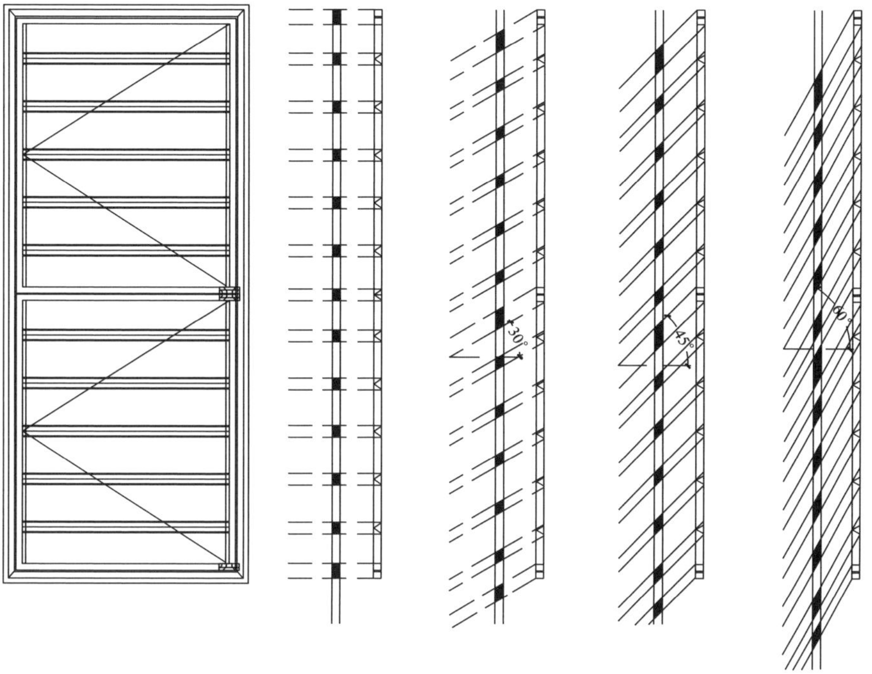

(a) 空调百叶窗大样图　(b) 0°平视虚实　(c) 30°仰视虚实　(d) 45°仰视虚实　(e) 60°仰视虚实
　　　　　　　　　　　观感　　　　　观感　　　　　观感　　　　　观感

图 3.3-6　百叶格栅的多样式多视角对比分析示意

再如商业屋顶处格栅布置设计，对商业体周圈上方的住宅、公寓、写字楼、酒店等处的观感有较高的需求。当然，格栅的布置设计也要保证一定量的通风效果，实际上屋顶空间较大，其通风效果要比空调机位的通风好很多。而常见的观感分析方式是在屋顶界面边缘以 45° 视角划线，也会以样板间阳台、观景平台、采景大窗等重点视野部位划线，使得格栅截面尺寸和间距产生的视线阻碍，尽可能遮挡屋顶设备（图 3.3-7）。

吊顶处的格栅设计，分析方式与屋顶格栅类似，只是将俯视分析，调整为仰视分析。但实际上在走廊或者通道这类空间，也会采用室内精装和灯光控制的手法来综合处理。

七、外墙涂料设计要点

外墙涂料，也是建筑立面的常用材料，相对立面玻璃或铝板幕墙、公建化

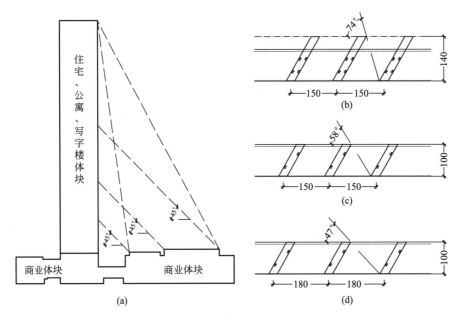

图 3.3-7　屋顶格栅观感分析示意

立面的排窗系统的造价要低很多，选择合适的品种可以保证做到较好的外观效果。外墙涂料直接经受风、雨、日晒的侵袭，故涂料须要有耐水、保色、耐污染、耐老化以及良好的附着力，同时还具有抗冻融性好、成膜温度低的特点（图 3.3-8）。

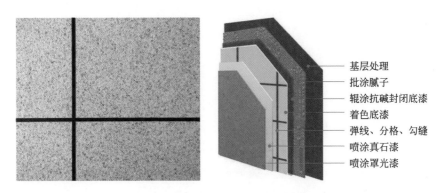

图 3.3-8　外墙涂料分层解析示意

外墙涂料按照装饰质感分为四类：

1）薄质外墙涂料，是有机高分子材料为主要成膜物质，加上不同的颜料、填料和骨料而制成的薄涂料，质感细腻、用料较省；

2）复层花纹涂料，是以丙烯酸酯乳液和高分子材料为主要成膜物质的有骨料的新型建筑涂料，由底釉涂料、骨架料、面釉涂料组成，花纹呈凹凸状，富有立体感；

3）彩砂涂料，利用骨料的不同组配可以使深层色彩形成不同层次，取得类似天然石材的丰富色彩的质感，有单色和复色两种，色彩新颖，晶莹绚丽，主要用于各种板材及水泥砂浆抹面的外墙面装饰；

4）厚质涂料，可喷、可涂、可滚、可拉毛，也能做出不同质感花纹。

在实际案例中，上述材料在市场上的叫法不一，常提到的真石漆、仿石涂料这类彩砂涂料更为人所熟知。以真石漆为例，装饰效果相对大理石、花岗石有很高的仿真度，可用于多种基面和多种形体（甚至是曲面上）。真石漆按饰面效果划分为四类：①单彩真石漆。②多彩真石漆。③岩片真石漆。④仿面砖真石漆。

其中，多彩真石漆在地产项目中应用最为广泛，分为水包水（平面），水包砂（荔枝面）两种（图3.3-9），属于高档类真石漆，适合高档酒店、写字楼、别墅等建筑。

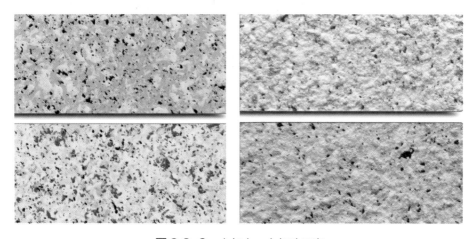

图 3.3-9 水包水、水包砂示意

水包水涂料是由乳液＋由涂料配置的彩粒＋助剂制成，水包水多彩真石漆基本上模仿平面石材，表面光洁柔和滑爽，耐污性强，非常适合作为高品质的外墙装饰替代外墙花岗石。水包水真石漆，建议不要在建筑的底部使用，因为水包水涂层较薄，建筑底部容易受到外力冲击，一旦受到外力很可能会出现开裂、起皮等现象。

水包砂涂料，是继水包水多彩涂料的升级换代产品，水包砂既有荔枝面的天然石头的质感，又有仿花岗石的效果。表面虽是凹凸感状态，但因为乳液将彩砂完整包裹，并且彩砂间有效成膜，疏水、疏油，墙面不易沾污渍。水包砂的产品造型层和花纹层一枪成型，简化了喷涂的施工工序。

彩砂类涂料务必选用优质彩砂，其硬度高，耐摩擦，不易粉化，可保证彩砂颗粒清晰，富有质感和光泽。另外，其乳液作为真石漆的成膜物质，其质量和含量的高低直接决定涂层的耐黄变性、防水性、使用寿命等性能。

涂料的观感效果把控，与基层的平整度、抗碱封闭底漆、同向均匀喷涂、去美纹纸修缝、刷防尘罩面漆有关。其中，真石漆墙面分格缝的宽度基本在 8 ~ 15mm，通常采用横平竖直的长方形分格以及左右错位的工字形分格，需要重点关注在窗口的四周沿线、墙角转折沿线、吊顶或凸凹进出位的沿线的分格划分（图3.3-10）。

图 3.3-10　外墙涂料不同分格样式示意

八、立面泛光设计要点

泛光概念方案阶段设计和管控要点，包括但不限于：基础性及概念性研究分析、建筑物亮度层级划分、空间照度等级划分、色温及动态控制、主要视角和重点区域设计方案、重要部位灯光节点、重要区域光照效果模拟和测试、时间场景、成本控制等。

其中，上级规划和规范要求、建筑设计的意图、建筑物和空间的特质、周边光环境分析、尺度和视角研究、能耗和光污染分析与立面系统设计息息相关（图3.3-11、图3.3-12）。

　　泛光初步设计阶段设计和管控要点，包括但不限于：平立面灯具布置图纸、照明用电量、关键部位灯具安装大样图、灯具位置和布局确认、预留电量是否满足需求、需预留的灯具安装条件沟通确认、灯具控制的方式和架构等。

　　相应地在招标图阶段设计成果中需要体现的内容包括但不限于：招标投标说明文件、平立面灯具布置图纸、灯具安装大样图、灯具表、灯具规格书、控制图和控制表、视觉样板、灯具安装固定方式确认、照明控制系统、施工要求、工作范围等。

图 3.3-11　武汉中央商务区总体建筑群泛光效果示意

图 3.3-12　武汉中央商务区广场区域建筑群泛光效果示意

　　一般来说，泛光效果会在立面样板上进行展示和评估，立面专业重点关注的条目有：

1）室内眩光。灯具主要光线投射区域、极限遮光线、室内视线的逻辑关系。

2）效果调试。灯具性能与设计要求相符。核实幕墙材料的受光与反光性能偏差。

3）安装维护。灯具照射角度正确。媒体屏幕或动态设计、照明控制系统的布线及硬件、软件安装功能正常，灯具配件管线的固定和维修要求合理、便捷，并保证立面系统性能完整。

3.4 维护系统管控技术要点

前面在专业交圈的文章中提到了设计部门与商管、营销、客研等部门的配合，本节关于立面维护系统的内容将与物业部门密切沟通，涉及维护系统选型、维护系统设计原则、维护系统观感把控等方面。

一、维护系统选型

立面维护系统选型取决于建筑物高度、立面形体特征、可操作空间等工况，例如：

1）在屋顶部位时会使用屋顶擦窗机、屋顶插杆式维护设备。屋顶擦窗机根据实际需求分为轨道式擦窗机（含轻型滑车式）、塔吊式擦窗机（含立柱顶升式），同时会选择可以伸缩的悬臂模式（图3.4–1）。轨道式擦窗机根据屋顶布置情况，有"一"字形、周圈环形等方式。擦窗机选型一般是根据建筑造型并结合屋顶机电布置等来选择可以完全满足整个立面区域的设备。

大部分住宅项目中，会使用屋顶插杆式维护设备，相对擦窗机成本较低，拆装灵活，实用性尚可（图3.4–2）。

2）在超高层设备层时会使用悬挂轨道式，轨道外露并与结构连接，与立面幕墙分格或线条结合，吊篮平时隐藏在可开启的单元板块背后，使用时可推出到轨道上运行（图3.4–3）。

3）在型体复杂的建筑上，会采用转动悬臂式擦窗机设备，与轨道式吊篮一样，平时隐藏在可开启的单元板块后方，使用时从指定洞口伸出维护特定部位（图3.4–4）。

图 3.4-1 各类屋顶擦窗机示意

图 3.4-2 屋顶插杆式维护设备示意   **图 3.4-3 悬挂轨道式擦窗机示意**

4）塔楼基座或高度较低的商业建筑，在周圈条件许可的情况，一般采用蜘蛛车（或汽车式起重机等设备）、登高车（升降台）等方式（图3.4-5）。

5）在悬挑结构下方的吊顶、连廊底、观景平台上方吊顶，甚至采光顶等部位，会使用单轨吊式、双轨吊式、整体滑道式（图3.4-6）。

6）金属屋面类的部位，屋面以上设置有上人检修通道，室内屋顶设置上人检修马道等措施。

7）在上述设备无法企及的立面部位，需要在保证人身安全的前提下，由蜘蛛人借助便于运维的相关预留措施进行施工。

图 3.4-4　转动悬臂式擦窗机示意

图 3.4-5　蜘蛛车及登高车示意

图 3.4-6　整体滑道式擦窗机

二、维护系统设计原则

1）核实维护系统设计的边界条件

与结构相关的技术要求：建筑结构应能承受擦窗机工作时对结构施加的最大作用力，并应经结构专业的确认。考虑在紧急情况或发生事故时建筑维护设备传递到支撑结构的冲击载荷，以便计算出支撑结构最不利的受力。关注如轨道梁、吊架梁、轨道、吊臂等其他与擦窗机有关组件的埋件，提供擦窗机系统与钢结构和混凝土连接的初步设计详图，包括预埋螺栓、预埋板以及其他结构相连的部分，详图上应标明传递力的方向和大小。

与幕墙相关的技术要求：轨道系统和安全系统支撑架应该与主体连接，并结合幕墙设计保证较好的观感效果。擦窗机防风销座和销钉应由擦窗机厂家提出设计要求并确认幕墙厂家深化设计成果。擦窗机厂家负责擦窗机防风销座和销钉供货，由擦窗机厂家提供防风销座到幕墙加工厂，幕墙厂家负责擦窗机防风销座的安装及密封，防风销座与幕墙的加固由幕墙负责设计、计算、安装及连接件。

与机电相关的技术要求：擦窗机必须配有独立防雷接地系统。擦窗机厂家需提供每台设备的耗电量等级、启动方法、启动电流及持续时间，运行过程中的电流和功率。机电总承包人为擦窗机提供电源插座、通信接口至指定地点，电力供应点细节和需要的具体配置由擦窗机厂家提供。供水点的细节和具体位置由总承包协助机电专业提供（图3.4-7）。

图 3.4-7　擦窗机设计与结构、幕墙、机电设计相关

2）组成维护系统的各项设计要素

设备机械设计要素包括但不限于：额定载荷、玻璃辅助载荷、更换玻璃所需载荷、限载人数、平台尺寸、主体转动、主体仰俯、起升高度、伸缩臂的最大和最小工作臂长、转动臂类型、副臂变幅、配重块、吊篮转动、吊臂底面、吊船运行净空间、更换玻璃用辅助启动机、玻璃起吊升降速度、辅助玻璃起吊钢丝绳直径、运行电压、控制电压等。

轨道及底盘设计要素包括但不限于：擦窗机存放状态、运行轨迹、轨道布局、轨距、轨道尺寸、轨道行走速度、升降平台、升降速度、刹车、斜度控制、转盘、牵引、驱动轮等（图3.4-8）。

提升机设计要素包括但不限于：提升形式（单鼓或双鼓卷扬）、钢索布局（单一或者分段多层）、钢索规格、升降速度、电源等。

吊篮设计要素包括但不限于：吊篮尺寸、安全载荷、滚轮、底部防撞条、侧防撞、防风钢索、配重吊篮等。

擦窗机约束系统设计要素包括但不限于：防风销座、标准插孔间距、防风钢索、临时导向支架等。

图3.4-8　斜坡屋顶上的擦窗机示意

3）维护系统设计技术要求

结合项目特点，选用最适合的清洗方案，并根据工程所在地点的空气污染程度确定清洗频率。外立面表面清洗次数每年不应不小于1次。当建筑外表面有明显污迹并严重影响观感时，应及时处理。

建筑维护系统设计应包括设备所有部件及尺寸、所有操作位置、操作空间和距离、轨道和轨道支撑系统和固定件的参数等，上述数据应在施工图中充分标注或说明，并显示其工作状态下及停机后的设备定位图。

核实维护立面的工作区域、覆盖范围，特别关注吊顶、大型横向装饰线条下口或类似内天井的立面间隙等部位的覆盖，不得有维护盲区。应将每个设备的使用情况单独标识，提供一份完整的设备运动清单，设备或蜘蛛人作业位置的平面图和剖面图，包括但不限于各种典型工作面、重难点部位的工作状态示意图。

维护系统至少应能承载两名操作人员和正常操作所需的工具，并进行幕墙玻璃更换工作，必须能完成整个大楼的清洗和维护工作。维护系统中应明确额定载荷，设计防坠落装置、防倾斜装置等（图3.4-9）。

图 3.4-9　维护系统使用前调试与运维状态

擦窗机应设计在距吊篮600mm的范围内可以完全接近外墙，吊篮与幕墙任何部分之间的最大延伸距离不应超过 750mm。特殊型体方案中需标示出吊篮与外幕墙所需的最大延伸距离，并开展其安全性可行性论证。

运行电机需要设备防雨保护措施。电气设计中应有超重感应开关、欠载感应开关、备用开关、限位开关、钢缆限位开关、切断电源的感应器。在紧急情况下，吊篮可以手动方式下降至安全位置。

当擦窗机水平轨道或附墙轨道安装在高于屋面2m的高架混凝土梁或钢梁上时，应沿轨道铺设经有效防腐处理的钢网工作平台或行走通道，以确保操作者和维护人员的安全工作。

采光顶、金属屋面应设置上人维护和检修通道，满足维护和清洗要求。不上人采光顶、金属屋面周边临空的围栏高度低于0.5m时，应有防坠落措施；上人采光顶、金属屋面应设护栏或女儿墙。屋面应方便维修、检修，大型公共建筑的屋面应设置检修口或检修通道。

三、维护系统观感把控

擦窗机停放状态注意与幕墙高度关系，尽可能采取隐藏或弱化的观感处理手法，不能影响外立面效果。提供屋顶和层间擦窗机系统的3D模型，纳入整体BIM模型分析。

建筑维护系统的水平工作台、吊架构造、轨道等组件应采用涂有合适的防护涂层或其他适合外用的金属制造。整个建筑维护系统外表颜色由建筑师提供并确认。

擦窗机上的所有销、轴和非结构螺栓应采用316或更高级别的不锈钢。

协助幕墙顾问、景观顾问落实锚固件的定位及构造设计，并做好隐藏和装饰的观感把控处理。屋顶部位的锚固件由幕墙单位完成，地坪部位的地锚安装由景观单位完成，擦窗机承包人参与验收（图3.4-10）。

为避免幕墙损伤，在吊船上配置了靠墙轮、防撞杆和缓冲滑杆。

图3.4-10　锚固件的隐藏及装饰示意

3.5　黄山小罐茶项目极致平整度超大板块幕墙设计解析

　　黄山小罐茶运营总部项目，是以弘扬中国茶文化为目标，建立的高端茶品研发基地和生产工厂。建筑师秉承"向方形致敬"的设计原则，运用最简单的方形与圆形倒角结合的建筑形态，并采用大板材分格的原则对外立面进行划分，使得建筑表皮简洁而细腻，充分体现了"把简单的事情做到极致"这种沉稳而精致的匠人精神，更是小罐茶的产品文化的灵魂精髓（图3.5-1、图3.5-2）。

图 3.5-1　小罐茶项目效果图

图 3.5-2　小罐茶项目实景图

　　小罐茶项目的立面标准板块的高度尺寸为6m，宽度尺寸为2.4m（图3.5-3），而在建筑顶底边缘部位均为单曲面板，半径为8.2m，在圆弧转角的顶底部位为双曲面板，转角双曲面板材单块尺寸高6.39m、宽2.57m、曲面半径为8.2m、弯弧半径0.94m（图3.5-4）。因此，即便是简洁的建筑外立面对幕墙的技术仍然提出极高的要求，幕墙平整度的实现、幕墙系统的合理选型、大板块的生产与吊装、接缝的处理与密封的可靠，所有这些分项都会给幕墙系统带来极大的技术挑战。

图 3.5-3　立面标准板块实景图

图 3.5-4　转角双曲面板块实景图

超大板块幕墙系统主要考量的技术点包括但不限于：大板块面材稳定性、其表面处理耐久性及观感效果、板块强度控制、板块平整度及挠度控制、板块热胀冷缩及变形、板材连接安装系统、接缝研究、生产工艺可行性、安装工艺可行性等。

上述技术要点其实在常规项目中都会同样考虑，但是因为各种原因，都会造成完工效果不如意的情况。除了施工问题以外，究其技术原因一般有以下几点：

1）金属板材运用错误、板材加工错误及加工装配质量不佳；

2）金属板材连接系统的四边锁死，在变形及热胀的工况下导致板材起鼓；

3）幕墙的龙骨可调节性能不佳，导致板材连接后幕墙表面平整度不满足规范及观感要求；

4）接缝宽度未考虑足够的施工误差和荷载变形影响。在吸取上述经验教训以后，就可以目标明确地逐步完成，整个项目的幕墙系统的设计、生产、施工、竣工、维护等全流程工作。

超大板块幕墙在面材选择上经历了两年多时间，通过对多种材料的研究、试验、认证、试生产、试安装等工作，最终选择了30mm厚的氟碳喷涂表面处理的铝合金蜂窝复合板。

在幕墙系统设计之前，先研究接缝设计。经过金属板块热膨胀的分析，长边6m长方向的金属面板平面膨胀位移值为5.91mm，短边2.4m长方向的金属面板平面膨胀位移值为2.36mm。同时，还需考虑生产施工的偏差与地震影响作为变形的影响，并根据接缝使用的硅酮耐候性密封胶位移比进行幕墙接缝的研究，耐候胶的位移能力是指耐候胶承受胶缝宽窄变化的能力，本项目选用了50级位移等级的密封胶进行接缝的计算，其能够承受胶缝宽度在 ±50% 之间的位移变化，根据计算得出，6m长方向的幕墙的接缝计算值为15.81mm，2.4m长方向的幕墙接缝计算值为8.70mm；并严格要求施工单位施工偏差需控制在1mm以内。综合考虑幕墙系统的系统设计与板块生产安装的可行性，最终幕墙接缝确定为6m长方向（对应横向分格的缝隙）的幕墙的接缝值为16mm，2.4m长方向（对应竖向分格的缝隙）的幕墙接缝值为12mm。

在接缝研究的基础上，开始进行幕墙系统设计定型工作。幕墙面板使用铝合金蜂窝复合板材，再使用四边铝副框通过螺钉与铆钉型材将铝蜂窝板材组装为整体板块，竖向的左右副框通过压板固定在竖向立柱上，板块的上横副框通过螺栓连接在横梁上，板块的下横副框插接在下一板块上副框上，所有连接部位均需满足热胀与各种荷载工况下的变形尺寸要求。面板通过与幕墙立柱横梁的连接，使整个板块形成浮动式连接，板块上边连接承担自重形成吊挂式结构，而两长竖边的浮动式压板连接及板块下边的插接式连接使幕墙板块，能够适应包括热膨胀及各种工况下变形带来的位移与变形（图3.5-5、图3.5-6）。

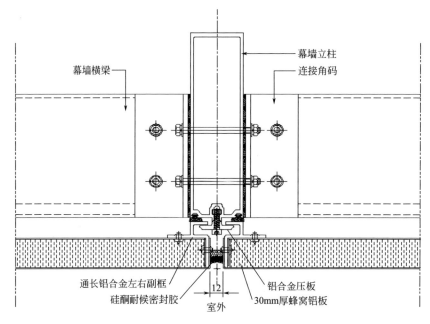

图 3.5-5　幕墙竖向连接节点图

下一步是对幕墙板块的生产、安装的质量提出近乎苛刻的要求。铝合金蜂窝复合板全部采用数控自动化设备加工生产，在恒温恒湿净化车间、抽真空复合车间、铝卷开卷、矫平工艺、自动喷胶流水线、自动喷涂线等进行板材的生产作业。金属大板在落料前通过数控设备矫平释放铝板内部张力，保证数控落料后的尺寸精度、折弯精度、成品板的平整度。幕墙成品板（高6m，宽2.4m）的长、宽公差按照−1.5 ~ 0mm控制，对角线按照≤2mm控制；板面平整度按照1mm/m控制，所有控制精度均高于铝蜂窝复合板的行业标准。生产厂家对于本项目使用的生产设备、环境的温度、湿度、洁净度等均制定了严格要求；铝板粘接面必须经过严格的清洗、干燥，胶粘剂必须在恒温（20 ~ 25℃）、恒湿≤70%、具有净化条件的环境下进行储存、配比及使用，并使用自动化数控配胶、喷胶机组处理。所有的幕墙成品板，外观、尺寸、粘结性能全部检验合

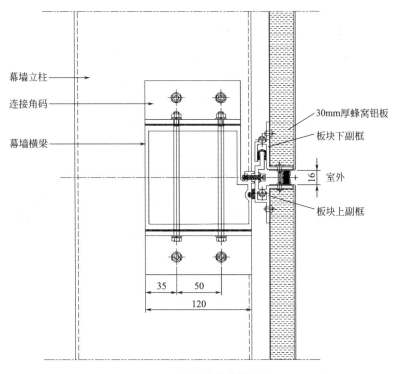

幕墙立柱

连接角码

幕墙横梁

30mm厚蜂窝铝板

板块下副框

室外

16

板块上副框

35　50

120

图 3.5-6　幕墙横向连接节点图

格后，才能按照施工顺序装箱、发货；而对于曲面双曲面板材，需在加工厂进行预拼装检测见证验收后方可以发货至现场进行安装。正是通过这些严格的工艺控制、质量流程管理，才使幕墙板块的质量在生产环节得到有效控制。

在幕墙吊挂安装前，进行全面核准幕墙立柱横梁的安装质量，特别是连接强度与平整度进行严格校核工作，这将直接影响最终幕墙的平整度。大板块幕墙的安装使用汽车式起重机进行，在预先测量的位置进行连接固定板块上边，再安装竖边的压板，板块横向使用上下插接进行安装，最终完成的幕墙板块之间的横竖向直线度偏差 ≤ 1.5mm。在曲面双曲面的幕墙部位使用定制模具进行现场靠模检查幕墙平整度偏差，通过这些严格的质量控制，最终实现了精准的立面效果还原度（图3.5-7）。

黄山小罐茶运营总部外立面幕墙对细节的极致追求给每一个项目参与者均留下了深刻的印象（图3.5-8）。越是简单的外立面，对于幕墙的细节质量要求就越高。对于超出常规尺寸的大型幕墙板块必须遵循技术规律进行分析与研究，幕墙的系统研究必须考虑温度热胀与变形对整体板块带来的影响，幕墙接缝及密封性能需要根据选用密封胶的位移等级进行严格的分析计算，而幕墙的

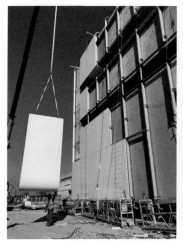

图 3.5-7　超大板块吊装与定制模具靠模检查

生产质量安装质量更是对最终的幕墙效果起到决定性的作用。"把简单的事情
做到极致"是每一位工程技术人员应做到的优秀品质。

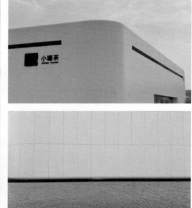

图 3.5-8　小茶罐立面成品细节品鉴

3.6　外立面系统防水设计原理与研讨

（1）等压腔压力平衡技术的理论假设

众所周知，幕墙系统漏水是因为以下三个要素共同作用的结果：

1）系统外有水存在；

2）系统表面有接缝存在；

3）系统上有能使水通过接缝进入室内的压力存在。那么如何消除使水通过接缝进入室内的压力是解决幕墙水密性的设计重点。

理论上将幕墙系统的缝隙进行密封封堵就可以解决渗漏水的问题，但是在这种理想状态下始终存在室内外开启压力差，即外部气压 P_o > 内部气压 P_i，并且所有的接缝缝隙始终处在压力之下，当密封材料老化失效或者施工存在问题，特别是在恶劣天气的工况下，系统的水密性很难得以保证（图 3.6-1）。

那么，如果将幕墙系统划为三部分组成：外壁雨幕层、等压腔体、内壁封闭层。通过布置室外、室内双道密封形成等压腔体，由于设置在外壁雨幕层上的接缝开口，使得等压腔体与室外气压趋于平衡，室外的雨水因为压力大致相等而失去向室内渗漏的动力，仅有极少量的气流能够进入室内，即外部气压 P_o ≈ 等压腔气压 P_a > 内部气压 P_i，此原理称为等压腔压力平衡技术（图 3.6-2）。同时，在内壁封闭层接缝处进行有效的密封，并在建筑幕墙室外侧开口处采取适当的遮蔽和断水构造形成雨幕，以阻止雨水渗漏，行业内称之为雨幕原理（图 3.6-3）。

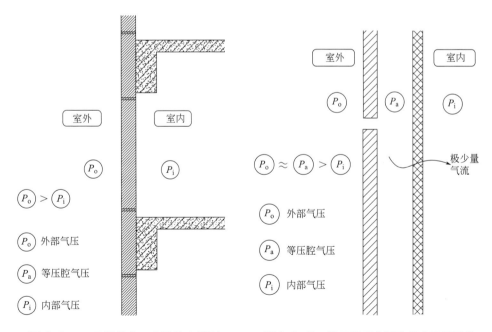

图 3.6-1　理想状态下幕墙防水模型　　**图 3.6-2　等压腔压力平衡状态下幕墙防水模型**

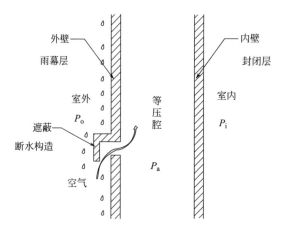

图 3.6-3　雨幕原理模型

以上只是按雨幕原理和等压模型来解析，实际的幕墙系统设计还要根据建筑在地风雨实际情况、建筑形体特征、幕墙材料配置等要素，建立可靠的多道防水体系，排水路径清晰可靠，充分考虑系统构造在最大压差下防水排水的承受能力，防止系统防水过载而发生幕墙漏水的情况。接下来按常见的幕墙形式来研讨防水设计。

（2）构件式玻璃幕墙防水设计研讨

在幕墙行业中，似乎只有设计单元体幕墙时才会谈及雨幕原理和等压腔结构设计理论，但实际构件式幕墙系统也应该按照上述原理和理念进行幕墙系统防水设计。在实际项目设计和施工中，使用单道密封胶系统仍占主流（图3.6-4）。当然，如果所有的接缝密封完美，密封基层处理与密封胶的宽厚比均能满足技

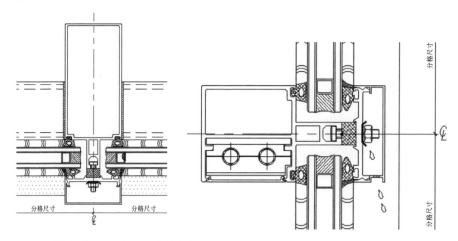

图 3.6-4　常见的单道密封构件式玻璃幕墙横向节点与竖向节点示意

术要求，单道密封的设计和施工工艺无可厚非。但现实情况是，各类项目或多或少会有漏水的情况发生。

常见的幕墙渗漏位置包括但不限于：幕墙插接缝隙处的漏水、开启窗及通风器处的漏水、幕墙拼接缝隙处的漏水、幕墙的角部及横梁缝隙处漏水等，还包括一些现场的收边收口位置、伸缩缝隙位置、各种不同的系统交接位置的漏水（图 3.6-5）。

图 3.6-5 幕墙拼接缝隙、角部缝隙、开启窗扇、通风器等处的漏水案例

以上漏水情况，可能会归结原因到建筑外立面所面对的风雨环境的复杂性，造型的搭接多样性、施工条件的困难性等，这些都使单道密封处理变得更加不可控，况且单道密封的处理也只是一个表象，还有更多的漏水及相关问题值得剖析。例如：

1）隔热条分段安装，造成隔热性能的失效。

2）压板的分段安装、密封胶条的缺失，使密封防水层的连续性被破坏。

3）压板的分段安装、密封胶条的缺失，造成玻璃的硬压接触的应力集中，易致玻璃平整度差，以及在负风荷载下的安全风险。

4）室内胶条的随意搭接，使其与铝合金料的搭接缝隙使气密层与等压腔不复存在。

5）外装饰盖与玻璃之间的三角形密封胶缝，在风荷载导致的幕墙变形下密封性能非常薄弱。

6）竖向装饰盖之间的接缝、竖向装饰盖与横向装饰盖之间的接缝的密封胶，因为无法形成有效的密封厚度而使密封性能非常薄弱。所有的这些，使幕墙在恶劣天气下极易密封失效而导致大范围的渗漏现象（图3.6-6）。

图3.6-6　无法满足技术要求的反面施工案例

当我们遇到这些漏水的质量问题时，应遵循发现问题、分析问题、解决问题的处理方式，按照雨幕原理等压腔结构的设计理论，检查现场的生产安装工艺质量，寻找渗漏问题出现的原因，继而解决问题。此刻我们需要思考如下几个问题：

1）如果仅依靠单道密封的幕墙防水体系可靠性差，那么设计时是否需要考虑二次防水排水措施？

2）防水构造是否根据系统的最大防水排水能力进行设计？

3）幕墙的生产安装是否严格执行生产工艺进行防水的施工，工艺质量能否实现的幕墙性能目标？

4）在幕墙的各类收边收口、系统交接等位置能否保证整个建筑幕墙的防水连续性。

5）如果密封胶的密封状态一旦失效，那么渗漏的雨水将流向哪里？带着上述问题，我们来看一套精准研发的专利系统。

对于玻璃幕墙系统而言，等压腔体的位置布置一般为玻璃安装的四周间隙及玻璃影子盒位置（及玻璃与背衬板组成的腔体），而其他板材幕墙的等压腔体可为整个面材内部均作为一个等压腔体。上图表达的玻璃幕墙的标准局部立面图（图3.6-7），幕墙立面由竖向杆件与横向杆件及玻璃组合而成，虚线部分为玻璃四边的等压腔体位置。

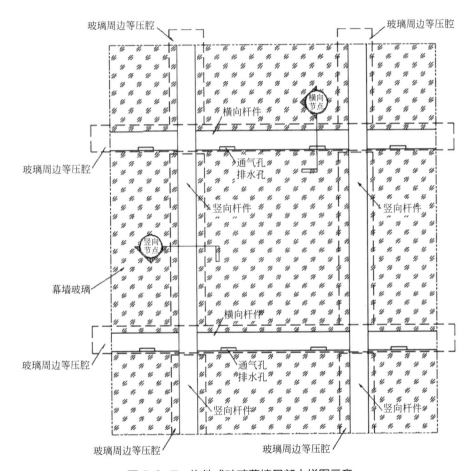

图 3.6-7　构件式玻璃幕墙局部大样图示意

其中，竖向幕墙系统结构，是通过竖向杆件、室内面密封胶条、隔热条、竖向密封带、室外密封条、玻璃及压板装饰盖形成完整的密封体系（图3.6-8）。横向幕墙系统结构，是通过横向杆件、横向等压密封条、室内面密封条、隔热条、室外面密封条、玻璃及压板装饰盖形成完整的密封体系（图3.6-9）。该构件式玻璃幕墙系统图，是综合考虑了幕墙的结构、材料、设计、工艺、施

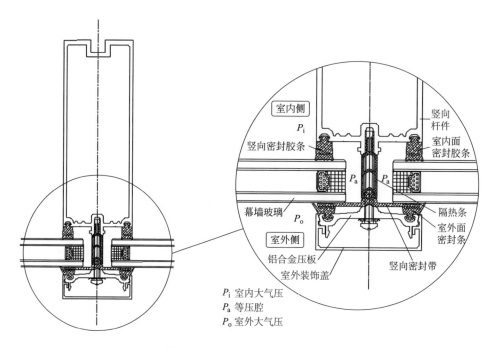

图 3.6-8 幕墙系统横向节点

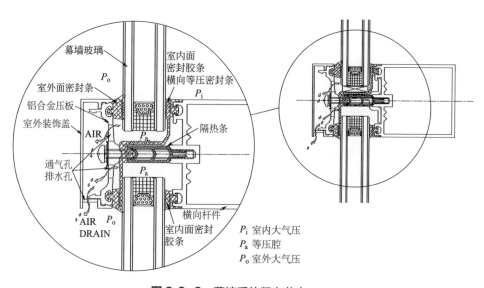

图 3.6-9 幕墙系统竖向节点

工及最终完成后的性能保证，通过各种定制材料的有机组合，形成完整的雨幕面、等压腔、密封带、气密封层，相对比较简单地就可以实现等压雨幕墙系统（表3.6-1）。

构件式等压雨幕节能幕墙系统构成　　　　表3.6-1

系统名称	密封部件	部件构成
构件式等压雨幕节能幕墙系统	雨幕层	玻璃（面层）室外面、横竖向装饰盖、室外的接缝、通气孔
	等压腔	横竖向压板、竖向密封带、横向等压密封带、隔热条、室内密封条
	内侧密封层	玻璃（面层）室内面、横竖向室内侧密封条
	水管理	通过横向等压密封带形成排水台阶，通气孔作为排水孔进行排水

在系统结构设计中，横竖向连贯的等压腔通过横向的通气孔，实现了等压腔体气压与室外气压的大致平衡 $P_o \approx P_a > P_i$，断绝雨水侵占接缝的压力，通过压板及柔性密封带实现雨幕的完全密封，内侧密封层通过玻璃与横竖向室内侧密封胶条的压力挤压而实现。系统综合了结构防水、连接构造、节能、等压腔布置、组合排水等各种功能，并在设计施工段也考虑工艺的控制，通过严密的工艺细节控制，从理论上实现基于等压雨幕原理的节能型的幕墙系统。

在系统实践中有几个重点密封位需要注意：

1）横、竖向的室内侧密封胶条的搭接接触位置，需有较为可靠的密封；

2）横向等压密封带的横向通长连续性，基于材料生产特点及施工实践情况，在密封带的断开位置必须有可靠的密封处理；

3）构成雨幕层的竖向密封带与横向等压密封带应搭接密封可靠，外部的横竖向压板拼接缝隙需密封，竖向样板的断缝位也需可靠密封；

4）通气孔与排水孔的布置合理，建筑幕墙时刻处于脉动风压动态之中，通气孔大小及间距应满足等压要求，排水口大小及间距应满足排水要求；开孔应有避免渗水倒灌的措施，生产施工时应保证通气孔及排水孔通畅（图3.6-10）。

上述"干密封、干安装"的构件式等压雨幕节能幕墙系统，尽管对安装工艺有非常严格的标准要求、具有略高的经济成本，但是系统通过简洁的设计与柔性胶条的搭配，弱化了工艺的复杂性，施工安装可以按照既定的工艺次序进行，特别地要做好接缝工艺的质量检查工作，就可以较为方便地完成系统的安装作业。系统对等压雨幕原理的运用和等压腔的合理布置及侵入雨水的管理将对项目带来不可评估的长期效益，简化的安装工艺中也节省了昂贵的密封胶及打胶成本，这些会在幕墙的寿命期内节省了整个建筑项目生命周期内的维护成本。

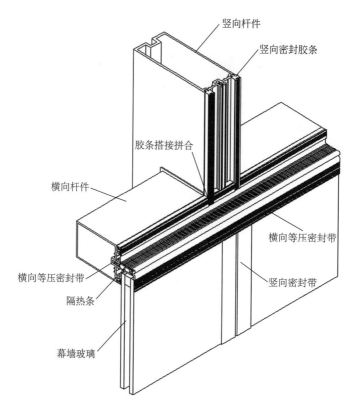

竖向杆件

竖向密封胶条

胶条搭接拼合

横向杆件

横向等压密封带

横向等压密封带

隔热条

竖向密封带

幕墙玻璃

图3.6-10　研发的幕墙系统三维节点示意

（3）开缝式金属幕墙防水设计研讨

按照雨幕原理等压腔结构设计的开缝金属幕墙，是在金属幕墙结构内布置等压腔体，通过设置开缝或者通气孔将压腔体与室外空气实现基本等压，通过室外的连续接缝处理形成雨幕，在等压腔体内部形成排水措施，少量的渗漏水与冷凝水通过设置的排水通道排出室外，从而形成可靠的二次防水排水系统（图3.6-11、图3.6-12）。

（4）玻璃采光顶系统防水设计研讨

玻璃采光顶系统的防水是有限度的防水，在进行大型采光屋面设计时，首先要根据规范进行技术采光顶的水密性能指标分级，再考虑所在地区的雨水量，进行适当的防水单元划分，通过布置组合水沟进行对采光顶表面雨水的分流导排。

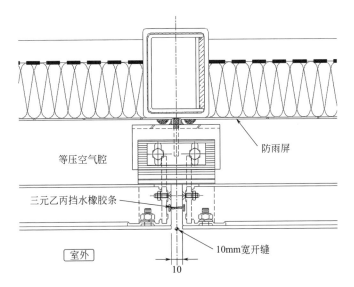

图 3.6-11　开缝式金属幕墙横向节点示意

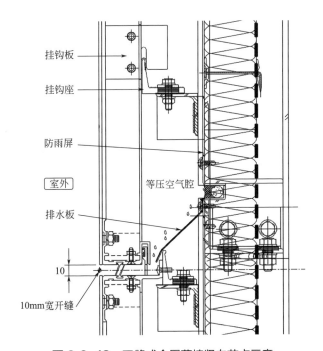

图 3.6-12　开缝式金属幕墙竖向节点示意

使用等压腔平衡技术的采光顶双层皮系统，通过侧面隐蔽的空气等压孔实现等压腔内的压力与室外气压大致相等 $P_o \approx P_a > P_i$（图3.6-13）。相对于玻璃幕墙而言，玻璃采光顶系统的防水问题将更加复杂，虽然在理论上，等压腔压力平衡技术有助于提高水密性能,但是对于几乎是平面的玻璃采光顶,要顺利地实现等压腔与室外空气压力平衡将是非常的困难,所有的板块接缝密封层朝天而设,如果简单地进行等压气孔的开设无疑是为雨水渗漏提供通道。另外,良好的采光顶系统设计应该是"堵""疏"结合,无论外部还是内部的缝隙需要最大限度地避免密封处于泡水状态,同时要确保渗漏水及冷凝水能够有组织地排出。

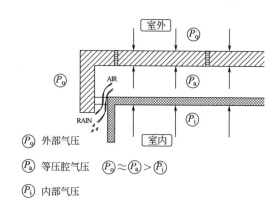

图 3.6-13　等压腔压力平衡状态下采光顶防水模型

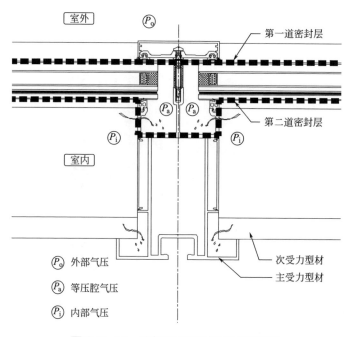

图 3.6-14　明框采光顶主梁节点示意图

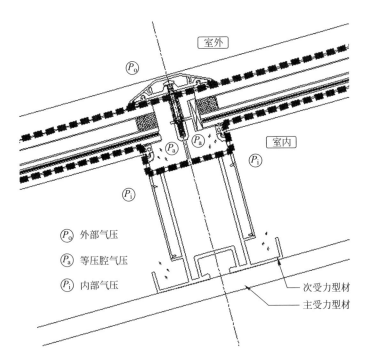

室外

P_g

室内

P_a P_a

P_i

P_i

P_g 外部气压

P_a 等压腔气压

P_i 内部气压

次受力型材

主受力型材

图 3.6-15　明框采光顶次梁节点示意图

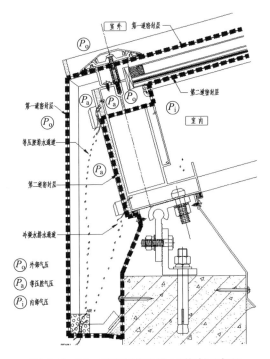

室外　第一道密封层

P_g

第二道密封层

第一道密封层

P_g

P_a P_a P_g

P_i

室内

等压腔排水通道

P_a

第二道密封层

冷凝水排水通道

P_g 外部气压

P_a 等压腔气压

P_i 内部气压

图 3.6-16　明框采光顶收口节点示意图

那么，采光顶系统密封层分为第一密封层与第二密封层，两个密封层中间的部分为等压腔体。首先，需要保证第一密封层的完全可靠的密封，因为采光顶系统是几乎平面的玻璃顶，需尽量避免出现朝天胶缝，系统通过明框的设计将缝隙转换为侧面密封，并在明框下部布置有柔性的密封层，因明框压板是通过螺钉直接与受力框料进行连接，也能保证第一层密封层与框料能够维持同样的变形位移，减少第一密封层在位移下破坏的可能，即第一密封层为柔性密封连接，能够适应结构变形位移的变化。其次，因为第二密封层在安装玻璃后无法进行湿法打胶施工，实际上就需要在玻璃安装前密封完所有的缝隙，包括次受力梁与主受力梁的搭接缝隙，需保证作为等压腔的排水通道在导排局部渗漏雨水时能维持密封状态，即第二密封层为连续有效的密封层。其三，当偶然情况下发生雨水渗漏时，作为等压腔的排水通道需能够迅疾地将渗漏雨水排出。由于湿空气在室内外的温差达到一定差别时在室内表面出现的凝水，通过在主次受力杆件下部均设置有的冷凝水收集槽，由次受力杆件的冷凝水排至主受力杆件，再由端部引流排至室外（图3.6-14 ~ 图3.6-16）。另外，该系统采用明框系统，通过铝合金压板固定中空夹胶钢化玻璃，在铝合金压板内设置有柔性密封材料，铝合金压板通过螺钉连接在主受力杆件上。

（5）小结

因为建筑外立面效果越来越丰富多彩，建筑外围护结构也日趋复杂多变，气候环境变化、建筑结构体型、系统配置选型、材料应用性能、施工质量影响等各种因素，都对建筑表皮的水密性能产生极大的影响。所以，基于等压雨幕原理来开发新型的构件式幕墙系统，对于幕墙行业的发展意义深远。

无论如何，建筑防水的重要性都是处于首要地位，对于系统防水技术的考量必须基于理论研究与实践经验进行技术结合考虑。毕竟，所有的图纸的设计都仅仅是表达理想状态，性能试验的检测也仅仅是对来样负责，在具体幕墙项目的实施过程中，工程师必须针对每一个工艺环节进行严格的品质检查工作。将图纸中表达的幕墙系统转变成优质呈现的幕墙产品，其过程中需要付出巨大的努力。只有对幕墙系统设计、幕墙制造工艺、幕墙质量品控、现场检查验收等各工作阶段的全面的有效控制在实施中做到遇到问题能够及时研究，分析原因并提供有效解决方案，继而落实到位，这样才能够最终实现较为完美的幕墙产品，并保证可靠的幕墙水密性。

第 **4** 章 建筑外立面成本管控技术要点

建筑外立面成本是房地产项目开发中重大成本敏感指标之一，其中七八成以上的立面成本是通过设计把控的，其中概念设计、方案设计阶段的成本影响占比约六成，初步设计、专项设计阶段的成本影响占比约两成，招标管理和施工管理阶段成本影响约占两成。根据二八原理，成本控制在设计阶段发力，是势在必行的工作。

（1）建筑概念设计到立面方案设计阶段的成本管控

建筑外立面的风格、体型以及材质等都是建筑形象中的重要环节，其配置直接影响开发商的成本敏感点。而规划局对外立面的要求会非常慎重，报规方案确定后，也基本上锁定了建筑立面方案及其成本范围。

立面方案设计阶段，成本管控通常采用"对标""限额""适配"三部曲，来界定立面方案的可行性和经济合理性。

对标调研一般包括业态对标、分级分档对标、项目售价对标、建造成本对标、系统配置对标，等等。对标后形成明确的项目定位，即在对本产品和竞争产品深入分析，对消费者的需求进行准确的研判的基础上，确定产品符合需求的同时，又有与众不同的优势以及与在受众者心中占据的独特地位。

对标后成本部门会根据资金状况和预算情况给出项目的参考限额，立面限额设计的内容包含成本适配的定档标准、推荐系统配置、推荐材料选择及对应占比，及材料供应品牌档次。

而适配是立面组成部分的逐项细化比选，比如，同为塔楼式外立面，公寓与写字楼的系统适配可以按业态差异或者项目档次差异，区分为窗墙体系和幕墙体系；再如，住宅项目中玻璃部位的配置也会根据效果分为洞口窗或者排窗，根据材质分为塑钢窗或者铝合金窗，根据品牌效应分为组装窗和品牌系统窗；又如，住宅阳台栏杆是选择玻璃栏板还是铁艺栏杆。以上适配分项名目众多，不再一一举例。

在外立面方案设计时，需要注意两项与成本强相关的技术指标有"体形系数"与"窗墙比"。公共建筑节能设计标准中对维护结构部位的传热系数和太阳得热系数都有限值要求。当体形系数不超限时，各外围结构仅需要满足各自的传热系数要求即可，这时外围护的经济性最合理，节能计算采用"直接判定"；当体形系数超限时，外围护结构的传热系数需要统筹联动计算，即保温工程和幕墙门窗工程的面积占比是此消彼长的关系，这种计算方案称为"权衡判定"。控制体形系数不超限，对于外立面成本的控制意义重大，尤其是能耗最为薄弱的玻璃部位，可以有效地优选玻璃配置，从而降低成本。窗墙比的作用和影响在前章中已有提及，另外绿建评价标准等认证体系对降低能耗的技术要求也与此类指标强相关。

再从二次深化设计的角度分析，可以配合和影响建筑立面方案造价的内容也有不少。例如"建筑风格的实现"，之前流行的新古典、新亚洲、新中式风格造型和雕饰较多，且住宅建筑的建筑风格越来越同质化，由此整体感强、造型简洁，明快时尚，又能标新立异、博人眼球的现代风格立面占据了市场主流产品，除了屋顶天际线和基座出入口产生多样性以外，标准立面只有玻璃窗、阳台栏杆和简洁线条的统一设计，开发商比较容易进行建筑风格的标准化和项目规模化复制，从而降低整体成本。再如"立面分格分析及优化"，建筑平面功能设计、层间综合设计对立面材料的平面分格、竖向分格有重要影响，特别是在玻璃幕墙的平面分格确定较大以后，不论玻璃的高度在层间范围内如何调整，因玻璃许用面积限制匹配的玻璃厚度都会与之产生线性博弈关系，于是不可避免地使用超大玻璃或者用夹胶玻璃，导致玻璃造价增加很多。

（2）建筑扩初设计与立面系统选型阶段的成本管控

对立面专业顾问和甲方技术专员来说，在规划方案和建筑方案设计阶段的专业影响力较小，但在建筑扩初设计和立面系统选型的过程中，则可以发挥二次深化设计的重要作用。

首先是材料类的比选。例如玻璃类，普白钢化或超白钢化、Low-E 单银或双银、超高层玻璃外片是单片钢化还是半钢化夹胶、常规尺寸还是超大尺寸等；又如铝板类，板型有铝单板、复合铝板、穿孔铝板、蜂窝铝板等，表面处理方式有粉末喷涂、氟碳喷涂、电镀铝等；再如石材观感类，除采用花岗石石材本色出演以外，类似效果的处理方式还有仿石涂料、仿石瓷板、仿石铝花岗石石材、蜂窝石材等。

其次是安装系统的比选。例如玻璃幕墙，框架式会有明框、半隐框、隐框、6m 以内全玻、点支式、大跨度的全玻幕墙等，以及框架系统与单元系统的对比；铝板幕墙，会有打胶式、开缝式、打钉式、挂钩式等；石板类，会有挑接式、SE 挂件式、背栓式等。

再次是清单式技术分析。因为建筑外立面材料丰富，市场价格波动性大，导致成本敏感性较高。根据材料和系统使用比例情况，采用成本清单式的方法给出材料含量优化分析、系统的不超配筛查、配置可替代品建议等。这样才能做到精细化设计管控，并根据敏感点和需求点做好成本不均衡投入评估的效果。例如占比高的系统配置、屋顶铝合金格栅的单方铝含量、非直观区材质选用等都是成本优化的重点关注对象。

（3）成本配合与招采把控

建筑立面的材质选择和系统配置，会带来对加工能力、建造工法的不同要求。同时，地产公司成本预算的不断压缩，购房客户需求的不断提升，如何在有限的造价下找到能够实现项目品质的供应商，这成了房企招标部门和采购部门的必修功课。首先，统一计价和澄清模式，地产公司各职能部门，不论是对内还是对外，均需要搭建统一模板的沟通平台，例如立面面积是展开计算还是投影计算，喷涂型材是按米计算还是按吨计算。五金件是按套计算还是按件计算，清单的描述是按系统还是按面材等等。其次，设计标准化匹配成本招采的动态管理，设计在方案上指导成本招采，成本招采在价格上引导设计，相辅相成，密切配合。三是，使用集中采购，各家开发商基于长年形成的供方战略库，实行"量大价优"（材料商）、"强者恒强"（施工单位）的采购模式。四是，回避无效成本动作，在某些管理动作下会出现本意节约局部显性成本却产生更多隐性成本的情况。比如非标准化项目中不采用设计顾问出招标图，而直接引入施工单位出施工图，达到了节约顾问费用、施工图盖章外审费用等"免费设计"的目的，但是失去了其他投标单位对约定俗成的第三方图纸招标投标的公平公正的认可，以及会遭遇必不可避的若干技术壁垒，最终导致招标流程中不断产生麻烦。

（4）成本意识与体系更新

首先，设计人员需要打破设计和成本的职能壁垒，从最前端设计，到过程控制，再到集中优化，最终到图纸落地，都需要提高成本意识和成本专业能力，就好比尽管有成本的咨询公司支持，设计顾问依然配有成本核算人员一样。其次，设计指引和标准管理流程的建立，不论是批量化产品还是特殊独有项目，设计管理流程的标准化需要建立，技术要点管控的标准化需要建立，产品系列部品部件组合的标准化需要建立，避免设计做法随个人的理解不同而随意发挥，减少成本失控的概率，同时自身能全程主导设计而不受施工单位和材料供应商的某些干扰。最后，把握基于规范又高于规范的原则，国家规范或行业规定以及相关图集，都是基于最低标准，不足以全面满足客户需求的交付标准，再则部分规范更新速度较慢或者更新的规范中已废除的条款会误导现有设计，所以专业技术知识体系的更新也是控制无效成本、提供优质产品的重要环节。

第**5**章 建筑外立面样板先行管控模式

5.1 样板先行管控流程解析

地产开发项目中，为保证工程管理的规范化、系统化，有效控制工程成本，保障项目开发品质，所有建设项目均会采取样板先行的原则，即需要外立面施工单位先行完成指定样板，并在评审通过后方可进行大面施工。其中，立面样板涉及材料（展板）样板、观察（研究）样板及工程（实体）样板。

材料（展板）样板是指，设计口在方案设计中提供的参考材料样板，亦指在施工前由工程口敦促施工单位提供的实施材料样板。

观察（研究）样板是指，对重要立面材料的建筑观感效果、技术性能等相关要素进行研究分析，为选样定样而制作的立面样板。观察样板选取于建设项目建筑立面的典型区域，主要作用在于确认主要立面材料配置，如玻璃、石材、铝板、型材或其他特殊材料等，以及考察立面样板室内外观感效果，如面材的颜色及表面处理等，最后对幕墙材料进行定样封样，明确幕墙系统构造形式等内容。

工程（实体）样板是指，在立面材料封样及性能试验成功后，在主体结构上制作并进行质量验收的实体样板，可涵盖观察样板的作用。工程样板侧重选取于建设项目建筑立面的观感关注点和施工重难点区域，主要作用在于经过性能试验见证通过后，需对施工工艺、工法进行考量，与泛光工程及其他交圈专业进行良好衔接，为大面施工提供品质保障。

实际操作中，可将观察样板和工程样板的界定、设计、制作、定样等内容合并执行，并要求样板的系统设计图纸必须达到满足实际施工深度，以工程样板的要求实施。重点或难点开发项目应根据需求先后执行观察样板和工程样板的实施。

以下就各阶段样板实施管理流程及要点进行解析。

（1）样板策划阶段

1）地产公司制定样板实施目标，明确样板实施标准，规定样板实施周期。结合方案院、建筑院和相关顾问公司的设计要求，协同需求部门意见和实际条件，提出样板实施策划方案。

2）成本口根据设计口提供的策划方案，明确管控目标，划分工作界面，评估合理的成本限价条件。

（2）样板设计阶段

1）在成本限价条件下，设计口界定样板范围及实施深度，并提出相关设计参数和技术要求，如立面类型、材料颜色、材质品质、排板分格、工艺工法、管控要点、验收标准等。需考虑样板留存状态而不影响后期施工。

2）设计口提供的样板图纸，需要涵盖技术重难点部位、专业交圈等深化大样及精细部位节点，样板的系统设计必须达到施工图深度，确保样板图纸设计质量。

3）设计口须将材料配置与成本预算相匹配，成本口须对材料开模费、加工费、运输费等环节分别进行详尽的询价和调研。在设计方案评审前组织各相关部门对材料样品展板进行评估和验收。材料尽量选择市场成熟产品，易于采购，周期可控。

同时，成本口对特殊材料需要具有一定的容错机制和特定机制，在材料审批过程中保持与各相关部门的密切协同，确保满足建设要求。

4）样板阶段性设计成果完成后，由成本口进行成本评估，并对材料采购方式和施工单位招标进行明确，在合理的预算范围内锁定设计方案。

5）工程口对样板图纸中的系统设计纠偏、材料选型容错、现场实施便捷等方面提供评审意见。

6）设计口将样板最终实施方案向上级进行汇报，审批通过后由设计口组织图纸会签、技术交底、大综合专业交圈等相关事宜，公司管理层、设计口、工程口、成本口、营销口等相关职能部门均参与书面确认为宜。

（3）样板招标阶段

1）成本口、工程口取得设计口提供的样板设计成果后，开始推进样板招标，将指定的各项样板的设计内容和施工内容列入招标范围，并在招标文件和工程合同中阐明工作界面和技术要求，避免因样板实施的内容矛盾及费用问题发生合约分歧。

2）成本口对于战略采购类产品的招标采购和合同签订流程需要标准化，并提前预估材料供应周期。如因某些材料使用量较小或采购不便，可考虑采用替换材料并报备说明后实施，各类样板实施需求控制材料采购周期和成本费用。

3）成本口须明确约定合同主体、签订方、付款方式、付款条件、工期要求，违约条款（含材料观感及品质违约）等，确保样板实施过程中不能因为商务问题而导致现场施工停滞，同时考虑中标的施工单位无法履约时的应急补救措施。

4）工程口制定样板实施计划、定样计划以及拆除计划，并梳理样板产品做法、管理要求及技术标准，要求施工单位带材料样板参与投标。

（4）样板施工阶段

1）材料样品提交及资料送审：

工程口负责敦促立面施工单位根据工程合同、技术要求、招标文件等内容，提供工程样板实施材料清单，包括但不限于规定品牌的材料样品、产品介绍、技术检测文件、物供信息等相关资料报送设计口、成本口进行审批。

如果施工单位能在不牺牲大体观感效果或有较小外观调整的前提下降低材料成本，即替换昂贵或加工费较高的材料，仍能够保证建筑立面方案得以实现的情况下，可考虑接受合理适当的材料替换和修改建议。

如果材料样品验收不合格，应由工程口敦促施工单位进行整改直至符合实施标准和要求。经验收合格的样品材料作为执行标准，由设计口、成本口、工程口签字确认执行。

由工程口敦促施工单位提供材料供应和进场计划，并开展施工过程的把控。

2）图纸交圈及材料下单：

由工程口敦促施工单位进行在现场对各项尺寸进行复核，反馈成果供设计口进行图纸交圈，特别需要对建筑图、结构图和立面施工图之间的尺寸关系完成互审。

施工单位根据现场和施工图进行材料下单时，如现场和图纸之间有较大尺寸偏差时需由设计口对节点尺寸更新确认后方可下单。

如施工图纸需要根据现场实际情况进行大幅度调整，设计口在第一时间完善设计并完成变更。

3）样板实施工序管控：

工程口敦促立面施工单位根据样板施工图，按照确定的实施计划开展样板加工和安装工作。工程口敦促总包、监理等单位负责对进场材料质量、对现场材料安装质量、工厂内材料加工质量的把控和抽检。

工程口主责，并协同设计口、成本口和营销口等参与样板实施过程管理，对加工厂生产及供应节点进行巡查，关键工序设置停止点检查，根据交付品质要求开展实测实量工作。如果重点实施环节验收不合格，应由工程口敦促施工单位在约定的工期内，进行整改直至符合实施标准和要求。安全文明施工管理由工程口敦促合同责任主体，即总包和幕墙施工单位签署安全协议，由总包、施工单位和监理联合管控施工现场安全。

（5）看样验收阶段及可视化技术交底

1）看样验收及意见反馈：

工程口敦促施工单位在立面样板安装完成后，各样板处张挂标识牌，注明材料名称、品牌、技术要求、施工工艺、管控要点、验收标准等关键信息内容。

工程口主责组织建筑院、顾问公司及公司相关部门赴现场考察样板、联合验收和选样定样等工作，签发评审意见表或选型记录表。

看样人员对有关候选样品的观感、参数、构造形式等内容进行最终选择和确认，并在最终样品上加贴封样标签。若对样板提出意见、建议及相关解决办法，应留存于看样意见表。若在看样选型过程中产生变更需求，设计部应以招标文件要求为依据，按设计变更流程办理审批手续，同时酌情考虑发起样板局部调整后的看样选型事宜，必要时需进行新一轮样板制作及验收流程。凡涉及费用增加的样板再实施或设计变更等事项需妥善报批后实施。

观察样板宜留存以备与大面积施工板块进行参照和对比。工程样板须经验收合格后方可批量施工。工程样板需选在现场实体典型部位上，原则上保留至该单项工程批量施工完成时为止，并将最终封样样品包装后保管和留存。

2）可视化技术交底：

各类样板需要做好成品保护，经过整体验收后，总结过程经验，对观感、工艺、质量等重要信息进行项目推广，为大面施工做准备。

样板验收完成后，由立面施工单位进行可视化的技术交底，及时组织主要参建单位现场管理人员（总包、监理等）进行关键管控点介绍和解析，同时对施工单位及其劳务班组的施工交底予以管理监督，使交底工作更直观、更明确、更规范，上述各项内容和步骤要留存技术交底影像资料备查。

5.2　样板先行管控流程一览表

样板先行管控流程一览表见表5.2-1。

样板实施阶段	策划阶段	设计阶段					招标
		条件输入	方案设计	材料选样	成果评估	成果审批	
成果呈现	策划建议	策划方案	幕墙样板设计图纸	建筑立面材料选样	样板图纸和材料样品	幕墙样板设计成果	工程采购
主责牵头	集团	设计	设计	设计	设计	设计	合
集团	制作幕墙样板指令					审批反馈	
项目公司	制定样板实施目标 明确样板实施标准 规定样板实施周期	审批反馈	审批反馈			审批反馈	
设计	幕墙样板实施策划方案 1 幕墙材料（展板）样板 2 幕墙观察（研究）样板 3 幕墙工程（实体）样板	确定幕墙的样板范围 准确界定实施的深度 明确参数和技术要求 重难点部位大样节点	材料配置与预算匹配 特殊材料的容错机制	评估幕墙材料的样品 设计达到施工图深度 锁定高质量设计方案	成果汇报 图纸会签圈交底 各方书面确认成果	技术支持 澄清回复
成本合约		明确管控目标 划分工作界面 成本限价条件	成本预算评估	战略材料采购 材料易于采购周期可控	合理预算内认可方案		推进幕墙样…的施工招标
工程		可实施地点建议	反馈管控重点难点 工艺工法 验收标准	材料选择市场成熟产品	系统设计纠偏 材料选型容错 现场实施便捷		制定样板实施… 定拆除计… 梳理产品做法… 要求技术标准… 施工单位须带… 材料样板投标…
营销 客服 ……		提出客户需求、敏感点及各个部门建议	反馈方案建议和意见	参与材料看样	参与成果评估		
运营	设定事项节点计划				督办图纸和材料提资达成	督办成果汇报会议	督办招标及合同移交

施工阶段				验收交底阶段	
材料送审	材料验收	图纸交圈及材料下单	样板实施工序管控	看样反馈及签字确认	可视化交底
立面材料送样	立面材料审查	施工图、加工图、材料单	各工序施工成果	看样表、签字	样板成品
工程	工程	工程	工程	看样小组	工程、设计等

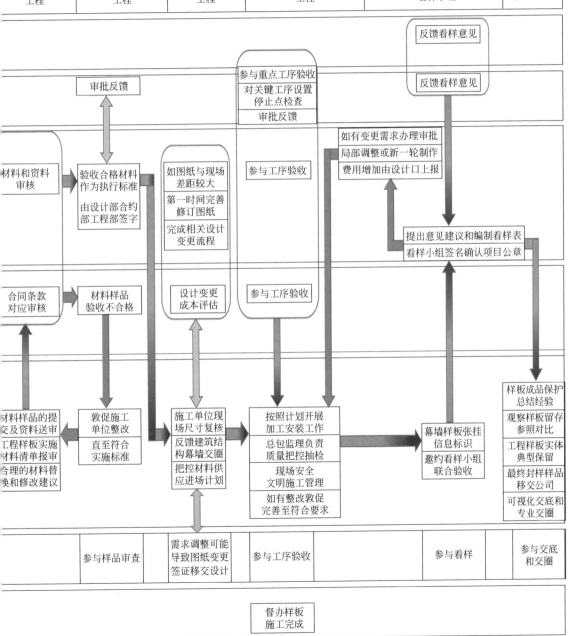

参考文献

［1］中华人民共和国国家标准.建筑幕墙术语GB/T 34327-2017［S］.北京：中国标准出版社，2017.

［2］住房和城乡建设部标准定额研究院 著.建筑幕墙产品系列标准应用实施指南［M］.中国建筑工业出版社.2017.

［3］江苏省地方标准.江苏省建筑幕墙工程技术标准DB32/T 4065-2021［S］.江苏省住房与城乡建设厅，江苏省市场监督管理局，2021.

［4］张芹 编著.建筑幕墙招投标技术指南（第二版）［M］.北京：中国建筑工业出版社.2012.

［5］张芹 编著.幕墙工程招（投）标技术文件通病100例［M］.北京：中国电力出版社2005.

［6］李德生.一种基于等压腔设计的干式幕墙结构［P］．中国专利：CN213774008U、CN112095864A．2021-07-23.

［7］李德生.幕墙防水理论与常见幕墙防水缺陷分析［J］,中国建筑防水，2020年第007期.

［8］李德生.小罐茶运营总部大板块幕墙系统的设计与密封技术［J］,中国建筑防水，2020年第2期.

［9］李德生.玻璃采光顶结构系统的防水设计［J］,中国建筑防水，2018年第3期.

［10］李德生.开缝式铝板幕墙的设计探讨［J］,中国建筑金属结构，2005年第10期.

［11］刘为鑫.型材（百叶片）［P］.中国专利：CN306849072S.

后 记

对于"技术管理"这四个字，笔者是拆开来解读的。

"技"代表专业技能，作为立面专业的手艺人，既要会画图建模，还要懂系统开发，还得会结构热工，这些技能都是行业内的立身之本，技能越高越拔尖，在工作实践中越能占据优势，但这只是干好工作的坚实基础，继续做好后面3个字才能让工作进阶。"术"代表实操战术，又或者说是解题方法和形式，比如有领导给你一道题目是给你两个"2"如何得到"4"，常规解答思路是"2+2=4"或者"2×2=4"，本以为领导收到两个方案可以对比选择就会比较满意了，可是领导说方式不够新颖，这下可就犯难了，于是绞尽脑汁，终于想到"2的2次方等于4"，领导也对你会心一笑，这时"技术"在职场中的应用就豁然开朗了。所以解决问题的"三十六计""七十二变"都存乎一心，在于平时的不断积累，也在于因地制宜的灵活应用。"管"就是管事，处事逻辑、内外协调，"理"就是理情，沟通畅通、换位思考，"管理"事情，其实就是"管事、理情"，这也是每个职场人在行业里必经的历练过程。所以，只要将"技术管理"做到极致，必定能在行业里拥有一席之地，各家地产公司的名流大佬、各家设计院和顾问公司的精英大咖，都是我们学习的榜样。

在立面设计的实际工作中，我们遇到的众生相不是一两句能够说清（图1）。比如，建筑师设计的方案落地性不强，前后反复调整造型，选材特殊难以实现，关联设计出现漏洞；比如，甲方专员认知局限不熟的不做，或将错误习惯当成必然，甚至遗忘更新条款造成理解失误；比如，顾问公司的主设计水平有高有低，对立面系统和材料应用的认知能否全面，在压缩的设计周期中，能否提供较为清晰的节点图纸；比如，成本部门对限额无法明确，因利润受限导致材料品牌档次的限定较低，导致设计出的产品减配或品质难以提升；比如，施工单位深化能力不足，供应材料品控薄弱，与其他专业交圈不当，技术应变能力不强；再比如，客户需求和基本诉求能否满足，如何通过引导开展专业呈现，如何把钱花在刀刃上等。上述情况都只是冰山一角，问题的核心还是要理顺各参与方的"认知状态"和"需求状态"。

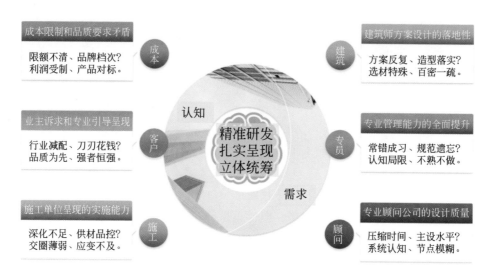

成本限制和品质要求矛盾
限额不清、品牌档次？
利润受制、产品对标。

成本

建筑师方案设计的落地性
方案反复、造型落实？
选材特殊、百密一疏。

建筑

业主诉求和专业引导呈现
行业减配、刀刃花钱？
品质为先、强者恒强。

客户

认知

精准研发
扎实呈现
立体统筹

需求

专业

专业管理能力的全面提升
常错成习、规范遗忘？
认知局限、不熟不做。

施工单位呈现的实施能力
深化不足、供材品控？
交圈薄弱、应变不及。

施工

顾问

专业顾问公司的设计质量
压缩时间、主设水平？
系统认知、节点模糊。

图1　外立面设计工作中常见情况

先说说认知。业主方做立面技术管理的代表，基本是幕墙门窗专业对口的人员，有时也会让建筑师、结构师代劳，不论是因为经验长短原因，还是专业限制原因，不同的代表对技术管理的认知也会不一样，从初级的图纸组成认定起步，认为只要完成了立面、平面、大样、节点、计算书、技术要求等内容就达成设计任务，或者是具有一定审图的基础，能够屏蔽一些问题和错误；再进一步可以做到敏感点筛查，例如系统成本控制、观感效果把控、防水防渗漏等业主方最为关注的地方；而作为业主认知度最好的状态则是能够做到自身专业过硬，处事条目清晰，可系统化指导，妥善协同各方，达成价值呈现。

同时，作为乙方的专业顾问代表，有来自施工单位的投标部的方案设计师、工程部的施工图设计师、甚至是入行两三年的加工图设计师、抑或是毕业后就加入顾问公司的管培生等等，他们对图纸深度的理解，对系统配置的选取，对各方需求的解读，都会因认知层次的不同导致服务成果有较大差异。乙方中认知度最好的状态则是通过自己较高的专业能力、较好的职场情商，有实力达到支持预判甲方的预判，做好引导式沟通，做到营销式顾问。

再聊聊需求。业主方最基本的工作是保证在关键节点收到设计成果，进一步需要保证图纸准确表达清晰，避免受到各职能部门、投标单位、施工单位的质疑和挑战，再就是在瞬息万变的市场竞争中能否快速响应并解决需求的变化、政策的调整、成本的超额等突发工况，最终将公司的指标达成，并让各方感受到管理上的惊艳之举。在实际工作中可明显感受到，低价值的二传手会引发项目进展的冲突失衡，高价值的引导者才能让项目推进锦上添花。

作为乙方来说，最大的需求是有充足的工期去完成设计成果，过程中尽量避免反复调整和变动，特别是希望建筑师的方案可行且能固化、用材合理、底图齐全；希望业主方的指令清晰妥当，安排合情合理。最终，双方能够顺利完成设计任务，做得好也需要足够的赞赏和认可，鼓舞大家继续在设计的日日夜夜中继续进步。

从上面可以看出，业主方和顾问方的"认知"和"需求"，在一个二维四象限中博弈，那么双方之间是"服"，是"辅"，还是"扶"呢？另外，"顾问"这两个字拆解来读，到底是"雇"你"问"我，还是我"故"意"问"你呢（图2）？

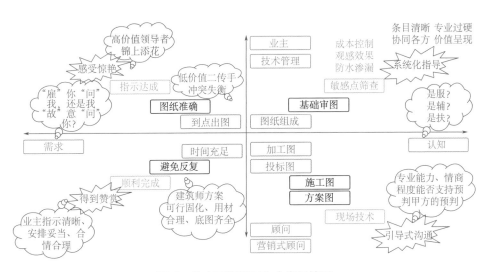

图2 外立面设计工作中常见情况

其实，不论是乙方顾问面对甲方业主，还是甲方专员面对甲方领导，都是一个专业服务的过程。顾问只是在画画图、跑工地吗？不！顾问是在营销！是在经营技术实力，销售专业价值！专员只是二传手吗？不！专员也是在营销！是在精准研发、扎实呈现、立体统筹！虽然站位角度不同，但是"营销式顾问"的工作性质和模式相同，基本要按照"建立信任、信息收集、引导沟通、锁定需求、成果提交、价值呈现、跟进服务、赢得承诺"这八段步骤开展工作。整个过程中都需要强化战斗力，拓展和培养设计资源，攻克全业态产品管理；需要提升产品力，以经营思维主导设计，以客户思维打造项目。

关于技术管理的提升，都来源于日常工作的点点滴滴，更来自于自身或公司的专业的"体系化建设"，我们可以做好以下几个方向。第一、建筑表皮管控体系化，包括：立面设计常用节点图固化、建筑材料应用界限常态化、立面观感效果把控标准化、专业交圈套用节点集约化等。第二、专业图纸审核要点系统性梳理，例如充分掌握国家及地方规范要求，进一步强调特定研发设计要求，系统化匹配建筑师思维的要求，各项目优秀设计图纸节点申报，各项目错题集备忘录汇总编制等。第三、成本优化影响点，做到回避无效成本、杜绝过度设计，各个设计细项达到性价比峰值，实施无反复减少现场二次费用，满足小业主需求弱化客诉成本等。第四、立面研发创新点，比如应用最新规范更新条款赋能，规范约束下的另辟蹊径，应用新技术提高产品竞争力，应用新材料抓眼球引领市场，成品限额下有效投放立面配置等。

最后，希望立面专业技术管理，能在业主方、各供方的密切配合下，不论是从纵向介入深度，还是横向介入广度，确保建筑方案的落地性、成本限额的匹配性、施工维护的可行性，兼顾营销客研兴奋点和痛点的敏感性，全流程立体式地把控项目重难点、临界点和风险点（图3）。

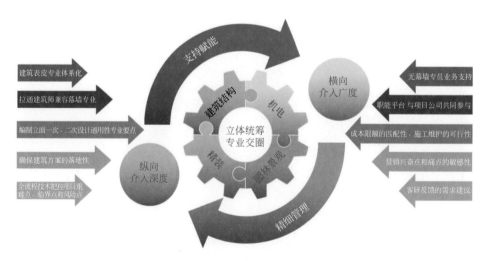

图3 外立面设计技术管理立体统筹法

以上仅为个人浅见，因为吃的亏多了，所以感慨也就多了。如有不妥之处，还望各位专家、各方领导、同行们多多批评指导，支持为感！